G.Melluso

I NUMERI PARLANO

Manuale pratico completo di numerologia applicata.

Contiene le carte, da ritagliare, per lo sviluppo del gioco esegetico.

TAITA PRESS

Il marchio TAITA PRESS appartiene a Ediservizi s.r.l.

Via Zanardi 106/6 - 40131 Bologna

Mail: info@taitapress.com

Sito Internet: www.taitapress.com

Copertina e impaginazione: Chiara Lunedei

Finito di stampare nel mese di Aprile 2014
dalle Grafiche Garattoni - Viserba di Rimini

Introduzione

Siamo parte dell'universo.

Nasciamo già con il patrimonio di tutta la conoscenza del creato. Il nostro DNA contiene gli Archetipi fondamentali dell'evoluzione. In un luogo nascosto, nelle profondità dell'essere, abbiamo tutto il Sapere. Gli uomini, sin dall'antichità, hanno provato a scoprire ed a trovare questo spazio interiore misterioso grazie alle meditazioni, agli esercizi mentali e, comunque, attraverso i metodi delle più arcaiche discipline spirituali. Non è facile svelare il mistero! Perché il rischio è quello di fermarsi alla teoria.Per addentrarvi in questo mondo enigmatico potete farvi aiutare dalla fantasia e dall'immaginazione. Solo grazie al Gioco potete aprire le arcane porte celate.Questo libro ha il preciso scopo, attraverso l'interpretazione dei numeri, di permettere a voi lettori di contattare il mondo interiore. Un luogo per tutti invisibile dove è contenuta una forza di grande energia propulsiva. Potete fare emergere questa energia che, appunto, dischiude le porte della Conoscenza e dell'Intuizione.Nel caso di un dubbio, di un quesito intimo o, semplicemente, per avere un consiglio che permetta di affrontare un problema, in questi casi potete utilizzare le **Tavole Esegetiche** che troverete nel libro.

Estraete le carte numerate da 1 a 6: compite, attraverso questo gesto, un atto di volontà che vi predispone a potere rispondere al quesito, o a dipanare la matassa del dilemma.

Solitamente la difficoltà nell'esplorazione del mondo interiore è l'incredulità nei mezzi oracolari, di conseguenza vi sorprendete quando le risposte giungeranno e indicheranno la via percorribile, oppure, vi suggeriranno un comportamento da tenere per risolvere e comprendere la situazione che ha generato la vostra richiesta.

Tutti i giorni vivete sentimenti di gioia, d'amore, d'odio: questi hanno il potere di risvegliare in voi il desiderio di prevedere, sapere, comprendere i continui cambiamenti della vita.La complessa struttura intima si presenta alla mente come un caleidoscopio di specchi nel quale potete scoprire la vostra vera immagine, capace di rispondere ai quesiti.Le risposte, spesso, sono occultate nella profondità della memoria, perché, a volte, tendete a rimuoverle in quanto frutto di esperienze, consce ed inconsce, difficili da sostenere. L'obiettivo, quindi, è quello di risvegliare consapevolmente l'energia dormiente e ripescare le ricchezze ivi celate.Spesso la risposta può sembrarvi non adeguata, oppure corrisponde ad un altro evento della vostra vita: il fatto è dovuto al pensiero che attinge nel subconscio, dove ristagna una problematica ancora da risolvere.L'estrazione delle carte, in questo caso, farà da elemento dinamico e propellente.Il metodo per avvicinarvi alla consultazione con il giusto equilibrio, è quello di raggiungere uno stato di serenità dopo aver riflettuto sulla domanda.È importante essere coscienti che tutti i metodi utilizzati per le interpretazioni si basano sull'intuizione, sulla sensibilità, e sulle probabilità matematiche nell'estrazione delle carte e delle loro combinazioni. I due primi elementi consentono di cogliere le sfumature negli eventi e creare un trait-d'union con coloro che vi chiedono un consulto.Il metodo d'indagine, che viene proposto in questo manuale pratico, è realizzato dall'autrice animata dalla passione per la matematica, abbinata alle incognite che costellano il cielo della quotidianità. La sua ricerca consiste nello sviluppare la Numerologia applicandola allo studio dell'astrologia, delle lamine dei Tarocchi, dei colori, dei simboli e dei Messaggeri.

La combinazione di tutti questi elementi forma un mosaico dove potrete leggere una trama che ognuno di voi sarà in grado di comprendere attraverso l'estrazione casuale delle Tavole Esegetiche.

Importante per l'autrice è stato l'approfondimento dello studio di saggi, di filosofi, di astronomi e di matematici tra i quali spiccano Pitagora, Filolao e Platone. Dai testi dei dotti la scrittrice ha estrapolato alcuni concetti fondamentali che arricchiscono le varie fasi interpretative del libro. Insieme a lei percorrerete un meraviglioso viaggio nel mondo dei numeri e delle loro funzioni.

Capitolo 1

CAPITOLO 1

CONSIDERAZIONI DI INSIGNI STUDIOSI SUI NUMERI

"I numeri sono il linguaggio universale offerto dalle divinità agli umani come riconferma della verità" (Sant'Agostino d'Ippona 345/430 d.C.).

"Quando esaminai con cura il problema, mi divenne sempre più chiaro che tutti gli altri problemi erano semplicemente problemi matematici nei quali si andavano a cercare un ordine e delle misure, e che non era rilevante se si trattasse di numeri, figure, stelle, suoni o qualsiasi altro oggetto che presentasse un problema da misurare" (Francesco Bacone 1561/1626).

"Il libro della natura è scritto coi caratteri della geometria" (Galileo Galilei 1564/1642)

"Chi sa calcolare con i numeri della natura, trova il rapporto eterno delle cose, la progressione dell'unità, le leggi della natura, i rapporti del corporeo e dello spirituale, delle forze, degli effetti e delle successioni ed è capace di definire l'estensione, la durata delle cose e calcolare il passato e l'avvenire". (Carl Chartreuse 1752/1803).

"Dio ha creato i numeri, tutto il resto è opera dell'uomo" (Leopold Kronecker 1823/1891).

"Quando non possiamo esprimerla con i numeri, la nostra conoscenza è povera e insoddisfacente" (William Thomson lord Kelvin 1824/1907).

"Ho voluto capire i cuori degli uomini. Ho voluto sapere perché le stelle brillano. E ho cercato di comprendere il potere pitagorico per il quale il numero esercita il proprio impero sul flusso". "La matematica non possiede soltanto la verità, ma anche la bellezza suprema, una bellezza fredda ed austera, come quella della scultura" (Bertrand Russel 1872/1970).

"La creazione del mondo è avvenuta con frasi composte da parole e formate da lettere, dietro le lettere sono nascosti i numeri che rappresentano una struttura, una costruzione dove vi sono altri mondi e io voglio analizzarli e capirli perché l'importante è il nucleo, la vera essenza dell'universo" (Albert Einstein 1879/1955).

"Quasi tutte le nostre azioni semplici o sapientemente combinate sono applicazioni di nozioni geometriche; l'universo in cui viviamo è un tessuto di relazioni geometriche e la necessità geometrica è la stessa alla quale noi siamo sottomessi come creature rinchiuse nello spazio e nel tempo" (Simone Weil, scrittrice, 1909/1943).

CAPITOLO 2

Origini e storia della numerologia

La matematica, l'aritmetica e la geometria, nel tempo, hanno impegnato matematici, astronomi, fisici, ma anche filosofi, pensatori e ricercatori. Le testimonianze sull'utilizzo dei numeri per quantificare o descrivere gli oggetti ci arrivano già dalla preistoria.

Per non annoiarvi propongo uno sguardo veloce sulle origini della Numerologia. Vi condurrò nel mondo fantastico dei numeri attraverso le teorie ed i teoremi tramandati dai grandi pensatori: potrete, così, scoprire un mondo ancora velato di mistero.

Secondo i Caldei ciascun elemento nell'universo (e quindi anche ciascun soggetto) si muove secondo una propria frequenza energetica, di conseguenza finisce per sottostare a dei fenomeni ripetitivi. La relazione tra questi elementi e gli individui ha un carattere occulto (i numeri fanno parte di tale arcano).

Fin dalle epoche più remote, questa particolare ricerca ha incuriosito le menti dei numerologi e, ancora oggi, siamo alle prese con questo tipo di studi.

Alcuni saggi affermarono che ogni essere umano, sin dalla nascita, possiede il tesoro della conoscenza e ha la possibilità di accedervi seguendo le regole della *Matematica Universale:* essa è l'insieme delle leggi cosmiche e di quelle terrestri.

Su questo principio, appunto, si basava la teoria pitagorica riguardante la scoperta dei nuovi concetti sugli enti geometrici per la quale si attribuiva ad ogni cosa un numero. Pitagora affermò che con la matematica era possibile spiegare ogni cosa: *il moto degli astri, il succedersi delle stagioni, le armonie della musica.* Per lui tutto poggiava sui numeri.

I suoi adepti, in seguito, li divisero in *pari* e *dispari* attribuendo loro il genere *maschile* e *femminile* e le influenze *positive* e *negative*. Ai *numeri dispari* assegnarono la *perfezione* e l'*ordine*, a quelli *pari*, il *disordine* e l'*imperfezione*. Crearono una filosofia che spiegava la realtà basata sulla dualità.

Le opposizioni fondamentali erano:

limite/infinito,

dispari/pari,

unità/molteplicità,

destra/sinistra,

maschio/femmina,

quiete/movimento,

retta/curva,

luce/tenebra,

bene/male,

quadrato/rettangolo.

Grazie ad un principio di armonia è possibile l'unione tra questi elementi: ad esempio, nelle armonie della musica. Pitagora lo affermò dopo avere fatto studi numerici sulla produzione dei suoni armonici della lira in relazione alla lunghezza delle corde dello strumento.

Inoltre egli realizzò la *Tetraktis*, figura geometrica, atta a dimostrare che il Dieci era il *Numero Perfetto,* in quanto risultante dalla somma dei quattro numeri primi: 1 + 2 + 3 + 4. Lo studioso li tradusse figurativamente in un triangolo equilatero composto di punti: quattro per lato, più uno centrale (fig. 1), dandogli una connotazione sacra.

Secondo la filosofia pitagorica il *Numero Perfetto*, racchiudeva in sé la conoscenza dei mondi terrestre e divino.

figura 1 ***Tetraktis***

Altro simbolo della scuola pitagorica è il *pentagono stellato* che potete disegnare tracciando tutte le diagonali possibili di un pentagono regolare fino ad ottenere una stella a cinque punte, che simboleggia la figura umana. (Figura n.2)

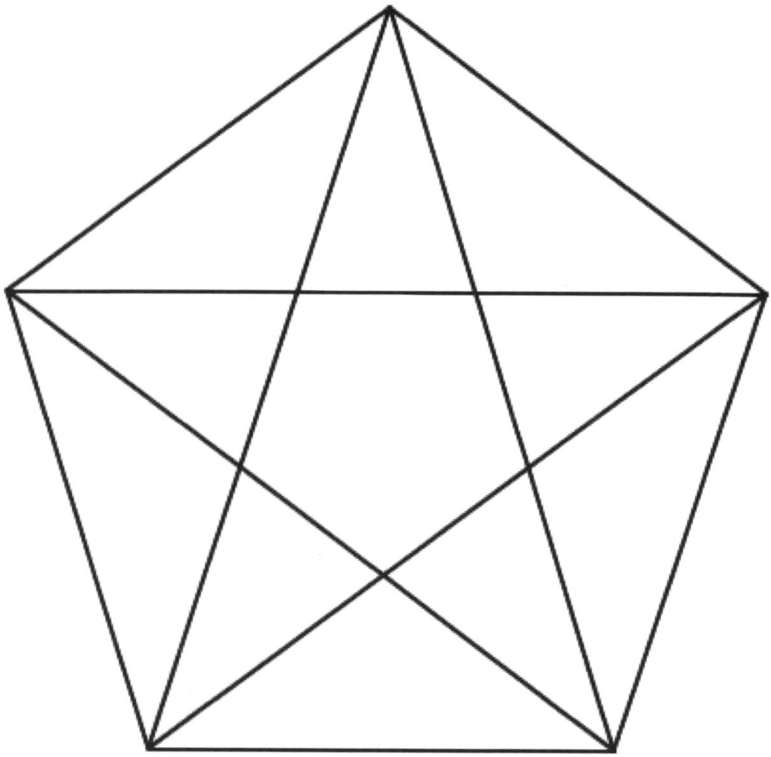

figura 2 *pentagono stellato*

Gli astrologi usavano questo disegno per redigere un oroscopo della personalità e calcolare il *Numero d'oro*, ossia la chiave delle proporzioni degli esseri viventi. La proprietà più interessante è costituita dalla suddivisione della diagonale attraversata da un'altra che la interseca dividendola in due parti; pertanto la diagonale intera sta alla parte maggiore della retta, come la stessa parte maggiore sta alla minore. La parte maggiore è detta *Sezione Aurea* del segmento che costituisce la diagonale intera. Più tardi, secondo la teoria di Leonardo da Vinci (1452/1519, ingegnere, scienziato e pittore) le leggi che regolano la natura si esprimono mediante la matematica. Egli, dunque, formulò la *Sezione Aurea* del corpo umano inserito nel disegno dell'*uomo* di *Vitruvio*. È una rappresentazione delle proporzioni ideali del corpo umano che dimostra come esso possa essere armoniosamente inscritto nelle due figure "perfette" del cerchio e del quadrato. Nel quadrato, l'altezza dell'uomo è pari alla distanza tra le estremità delle mani con le braccia distese. Per trovare il rapporto aureo, bisogna tirare una linea che passa dall'ombelico, centro del cerchio, che divide l'altezza dell'uomo e la distanza tra le estremità.

La rappresentazione dell'*uomo vitruviano* con la sua corrispondenza tra corpo umano e geometria, alimentò da un lato, riflessioni di teoria dell'architettura, dall'altro, a posteriori, fu letta come simbolo dell'Umanesimo o, per meglio dire, dell'esaltazione delle qualità dell'uomo: la dignità, la libertà e la creatività di pensiero, la fiducia nell'intelligenza umana.

Quest'ultima ha la capacità di penetrare con gli strumenti della scienza nei segreti della natura, all'interno della quale si trova l'armonia dell'universo espressa dalla geometria.

Tornando indietro, al periodo storico avanti Cristo, Filolao (470/390 a.C., filosofo, astronomo e matematico), un secolo dopo Pitagora, affermò che ad ogni cosa conosciuta corrispondeva un numero. Egli attribuì il ruolo del numero nei modelli fisici. Nel campo dell'astronomia determinò la funzione marginale della Terra nel sistema solare. Egli sostenne un modello nel quale al fulcro dell'universo vi era un grande *Fuoco Centrale* intorno al quale ruotavano dieci corpi: la *Terra*, l'*Antimateria*, la *Luna*, il *Sole*, *Mercurio*, *Venere*, *Marte*, *Giove* e *Saturno*, e il cielo delle *Stelle Fisse* – quest'ultimo interpretato come un *Fuoco Esterno*. I dieci corpi si trovavano lontani dal *Fuoco Centrale* secondo distanze proporzionali a fattori del numero 3, un altro numero ritenuto sacro dai pitagorici.

Platone (Atene, 427/347 a.C.) disse che la scienza dei numeri non doveva solo servire ai mercanti, ma anche agli uomini d'intelletto e di governo per innalzare l'anima. Di fatto lo studio costringeva a ragionare e a meditare sui numeri considerati per sé stessi e, in via astratta, anche la geometria sarebbe servita per perfezionare la mente.

Gli Indiani, nel III secolo a.C., rielaborarono una parte della cultura greca e, per la matematica, utilizzarono la numerazione decimale per scrivere i numeri più alti con nove cifre e con lo zero. Questo sistema apparve nel quinto e nel sesto secolo dell'Era Volgare nel trattato "*Surya Siddahanta*" nel quale la numerazione dimostrò lo spirito pratico degli Indù.

Identica fu la concezione della matematica da parte degli Arabi intorno al settimo/ottavo sec. d.C.

Il contributo degli ecclesiastici allo sviluppo della matematica moderna fu notevole. Di fatto, fu Giordano di Sassonia, primo generale dei domenicani dopo S. Domenico, a rappresentare i numeri mediante lettere dell'alfabeto (vedi tabella alfanumerica).

Il linguaggio moderno dei numeri (esclusivamente scientifico) si differenzia da quello antico (inteso come chiave per accedere a concetti spirituali e religiosi).

Attualmente il numero mostra un carattere tipicamente materiale. Le cifre ruotano intorno a noi ad alta velocità, abbreviando le distanze, offrendoci statistiche e dati di ogni tipo che riducono il tempo di ricerca; ma tale velocità fa rallentare la capacità di comprendere e di percepire la realtà circostante.

Per dare più significato al lavoro che farete, grazie alle informazioni che leggerete in questo libro, occorre ricollegarvi alla simbologia numerica antica e scoprirne i messaggi intrinseci.

Un altro importante esempio propedeutico giunge dalla letteratura che conserva la straordinaria applicazione della scienza dei numeri nella *Divina Commedia*, il poema sacro di Dante. Si tratta della narrazione della vicenda spirituale del sommo poeta che, plasmando il linguaggio, narra la sua profonda esperienza e il cammino percorso per ritrovare la verità.

La struttura dell'opera è basata su cifre che contengono simboli e significati teologici: **tre** sono le cantiche dell'opera; **trentatré** i canti di ogni cantica (salvo la prima che ne ha trentatré più uno); **nove** sono i cerchi dell'Inferno e i cieli del Paradiso e **sette** sono le cornici del Purgatorio. La terzina richiama questa allegoria.

Nell'analisi dei numeri della *Divina Commedia* troviamo i seguenti significati:

UNO rappresenta Dio, il Creatore, origine e fine di tutto;

TRE esprime la Triade o Trinità e simboleggia il concetto di perfezione;

QUATTRO simboleggia i punti cardinali, pilastri del mondo e dell'età dell'uomo;

SETTE è il Numero Sacro per eccellenza, risulta dalla somma di quadrato e triangolo, ossia dello Spirito e della Materia;

OTTO è la somma dei lati di un ottagono, figura che simboleggia il passaggio dal mondo immanente a quello trascendente;

NOVE rappresenta la perfezione, poiché è multiplo di tre.

Anche gli Ebrei diedero il loro prezioso contributo

alla conoscenza del significato dei numeri. Ed è grazie a loro e in particolare agli studi della *Cabala*, che una buona parte della storia e della tradizione numerologica è giunta sino a noi. All'inizio del ventesimo secolo la Numerologia è ricomparsa nel mondo anglosassone e ha riscontrato un grande successo soprattutto negli Stati Uniti dove uomini politici, divi del cinema e famosi managers l'hanno utilizzata abitualmente per una migliore comprensione dei vari accadimenti in cui sono stati coinvolti e per scoprire cosa potesse serbare loro il futuro.

Attraverso i numeri sono state anche tramandate discipline come l'Astrologia e i Tarocchi (tutti mezzi, questi, che vi offriranno ottimi metodi d'interpretazione).

Capitolo 3

STUDI SULLA NUMEROLOGIA

Tra i personaggi che hanno elaborato studi importanti sulla Numerologia, c'è Pietro Bongo, nato a Bergamo nella prima metà del XVI secolo. Egli scrisse un'enciclopedia sui misteri e la simbologia dei numeri a partire dall'*uno* per arrivare al *miliardo*.

Un altro grande studioso è stato Carl Gustav Jung (1875/1961) che considerava il numero un'entità sacra, definendolo come "*un archetipo dell'ordine fattosi cosciente*". Egli credeva nella conoscenza assoluta dell'inconscio individuale (che comprende passato e futuro). Tramite esso ci si può mettere in contatto con la coscienza di altri individui, il tutto concorre a formare l'inconscio collettivo. In questo grande serbatoio energetico splendono come costellazioni gli Archetipi. Esistendo un legame tra essi, l'inconscio collettivo parrebbe essere definito come un campo di energia ordinato, con al centro il grande Archetipo del Sé, la realtà ultima. Dunque come spiegò la von Franz, allieva di Jung, i valori numerici sarebbero gli *ordinatori* del campo di energia dell'inconscio collettivo, o "*campo unificato*" (recentemente definito così da alcuni studiosi) in cui l'Io è collocato al centro.

Visto da questa prospettiva il numero pare sovrintendere le nostre vite, il nostro ambiente, le nostre risorse interiori e le varie opportunità legate ad esse.

Il simbolo numerologico tende ad emergere nelle esperienze di vita e, a volte, influenza le nostre scelte.

L'antica scienza dei numeri, ancora oggi, è utilizzata per definire il profilo numerologico di una persona e per capire quali possono essere i suoi punti di forza e di debolezza (i suoi talenti

e virtù adatti ad indirizzare al meglio la sua formazione sociale e spirituale). Ritorniamo a Pitagora egli, come già accennato precedentemente, affermò che la Divinità risiede nel numero e ne rappresenta l'ordine nel cosmo, senza il caos e il disordine.

Di conseguenza le risposte alle eterne domande dell'uomo sono insite nella Matematica che l'illustre filosofo definì Scienza Sacra. Con essa tradusse i nomi in numeri, poiché riteneva che nell'archetipo delle cifre fosse racchiusa l'essenza di ogni cosa: da questa teoria nacquero le applicazioni della Numerologia.

Ho fatto mia questa osservazione e vi invito a provare uno specifico esercizio: trasformate il vostro nome e cognome in numeri (vedi tabella alfanumerica) e, in base ai suggerimenti che troverete nei prossimi capitoli, sarete in grado di tracciare un profilo completo della vostra personalità. Ogni numero rappresenta specifiche peculiarità caratteriali.

Pitagora, ad esempio, sceglieva i suoi discepoli tra quelli che avevano il numero 7 nel loro profilo, in quanto persone riservate ed introspettive, con un forte intuito ed una predisposizione al misticismo: questi erano i suoi prediletti e per accedere ai suoi insegnamenti dovevano superare meno prove rispetto agli altri.

La vostra esperienza personale vi confermerà la validità di questa teoria. Vi sorprenderete ad ogni profilo che compilerete sia delle persone note che di quelle assolutamente sconosciute.

Un altro insigne pensatore, Edmund Husserl, nel Novecento, si occupò del concetto degli Insiemi. Egli affermò che esso deriva da un atto unitario della mente che dirige l'attenzione su una molteplicità di oggetti riuniti in un "insieme" specifico.

Egli riconobbe, dunque, l'esistenza autonoma dei numeri come strutture che rappresentano delle costanti del soggetto e che condizionano l'attività conoscitiva. Tale concetto vi mette di fronte al quesito della differenza che ci può essere tra la

filosofia e la matematica. Quest'ultima si serve dei numeri per svolgere equazioni, problemi, espressioni, mentre la filosofia si chiede se i numeri esistano o meno. Stessa domanda si posero sia Platone che Aristotele.

Platone affermò l'esistenza dei numeri nella realtà come *enti dotati di essenza*, cioè: se avete un gruppo di otto elementi significa che esso partecipa all'idea dell'*otto*, perciò 8 è un *Numero Ideale.*

I Numeri Ideali sono, pertanto, essenze stesse dei numeri e non sono sottomessi ad operazioni aritmetiche.

I *Numeri Ideali* costituiscono i modelli supremi dei numeri matematici.

Per Platone i numeri caratterizzarono tutti i piani del reale su ogni livello. Inoltre affermò che la matematica e la geometria non potevano essere considerate come realtà intelligibili e *Numeri Ideali.* Egli descrisse che, prendendo in considerazione il triangolo, esso sì che ha tre lati, però può essere *scaleno* (3 lati diversi), *isoscele* (2 lati uguale ed uno diverso) ed *equilatero* (3 lati uguali): in questo modo è dimostrato il fatto che il *Numero Ideale* è unico e che non può essere utilizzato per fare delle operazioni matematiche. La base della teoria di Platone fu la convinzione della perfetta corrispondenza tra il conoscere e l'essere. Egli fece dipendere la matematica dai principi metafisici in modo strutturale.

Aristotele, al contrario, affermò che i triangoli materiali e immateriali esistevano ma non come realtà autonome. Pertanto, il *Numero Ideale*, a suo parere, fu soltanto una creazione dell'uomo, quindi un'astrazione. Egli spiegò il concetto attraverso l'esempio di due contenitori a forme di parallelepipedo con colori e scritte diverse: se colori e scritte venivano cancellate dalle due scatole rimanevano soltanto le due figure geometriche uguali. Questo dimostrò che la matematica eseguiva un'indagine su cose che in realtà non esistevano in quanto create con l'astrazione per cui la ricerca si concentrò sul parallelepipedo, come figura inalienabile, e non sui colori e sulle scritte in quanto elementi astratti.

A tale proposito Kant c'insegna che non si percepiscono le cose come esse effettivamente sono, ma come ci appaiono: modificate dalle strutture mentali, dal tempo e dallo spazio. Però la percezione filtrata dallo spazio e scandita dal tempo non è riferita soltanto alle cose esterne, ma coinvolge anche quelle interiori. Questi due filtri per le percezioni, sono i fondamenti dell'aritmetica e della geometria. Le figure geometriche sono costruite nello spazio e i calcoli matematici si effettuano nel tempo, si prende mentalmente l'unità e la si aggiunge ad un altro numero.

La Numerologia, invece, tratta i numeri come mezzi per spiegare ed interpretare ogni cosa: dai moti degli astri, ai cicli della natura, all'armonia della musica, alle caratteristiche umane, ecc., per cui il numero è l'elemento costituente ogni cosa. Inoltre alcune cifre possiedono la proprietà di essere equivalenti alla somma di tutti i loro divisori esatti. Proprio per questo motivo a loro è stato attribuito l'appellativo di *Numeri Perfetti.*

Ad esempio è considerato perfetto il **6** perché si ottiene dalla somma di **1**, **2** e **3**, e si può dividere per gli stessi; così come il **28** (somma di **1, 2, 4, 7, 14**) e **8128** composto e divisibile per **2, 4, 8, 16, 32, 127**.

CAPITOLO 4

Matematica, Geometria e Numerologia

Avete letto precedentemente come la matematica e la geometria si amalgamano alla Numerologia, dando a quest'ultima la possibilità di esprimersi anche essotericamente. Perciò posso affermare serenamente che la Numerologia è una delle espressioni della matematica e della geometria.

Le antiche civiltà non distinsero le tre materie di studio. Numerosi testi e reperti archeologici ci tramandano la loro evoluta conoscenza cosmologica che vedeva la Numerologia applicata all'osservazione delle stelle e alla misurazione del tempo: sono i papiri di *Mosca* e di *Rhind* (entrambi egizi).

Nel primo compare il calcolo del volume di una piramide e l'area di una superficie curvilinea. Il secondo fornisce formule per aree ed operazioni di moltiplicazione, divisione, frazioni a numeratore unitario, inoltre contiene altre nozioni matematiche. Comunque entrambi i documenti riportano concetti fondamentali per la Numerologia come il *Numero Primo*, la *Media Aritmetica*, la *Media Geometrica*, la *Media Armonica* e i *Numeri Perfetti*.

È interessante notare che tutti i testi citano quello che noi conosciamo come il *teorema di Pitagora* con circa 1500 anni d'anticipo. Anche l*a tavoletta di*

Plimpton 322 scoperta in Mesopotamia, risalente al 1900/1700 a. C., riporta le *terne pitagoriche*, questo ci fa constatare che il celebre matematico greco s'ispirò ed attinse a studi molto più antichi.

La matematica babilonese utilizzava un sistema di numerazione posizionale a base 60 che, probabilmente, ne favorì lo sviluppo. L'uso di questo sistema per rappresentare i numeri (come quello arabo adoperato in tutto il mondo oggi) differenzia i Babilonesi dagli Egizi, dai Greci e dai Romani: nella rappresentazione babilonese le cifre scritte nella colonna sinistra raffigurano valori più grandi, probabilmente perché in un primo tempo nella loro matematica non c'era lo zero. Questa mancanza fece sì che il valore posizionale di una cifra dovesse essere dedotto dal contesto. Successivamente introdussero una cifra con funzione zero, ma sembra non venisse usata nella posizione delle unità (i numeri 22 e 220 erano, per esempio, indistinguibili).

L'India del 3000/2600 a.C. sviluppò un sistema di pesi e misure uniformi che si serviva di frazioni decimali: una tecnologia dei mattoni molto avanzata che utilizzava i rapporti di strade disposte secondo perfetti angoli retti e di un'enorme varietà di forme e figure geometriche (parallelepipedo/rettangolo, botte, cono, cilindro e figure di cerchi e triangoli concentrici ed intersecati). Logicamente crearono anche strumenti di calcolo: il *righello,* con suddivisioni decimali precise e ravvicinate - uno *strumento a conchiglia* che serviva da compasso per misurare gli angoli sulle superfici piane secondo multipli di 40/360 gradi – infine uno strumento per la *misura delle posizioni delle stelle* per la navigazione.

Mentre si conosce ben poco della matematica indiana i cui scritti non sono stati completamente decifrati. Alcuni storici, studiando i reperti, pensano che questa civiltà usasse un sistema di numerazione in base 8 e possedesse la nozione del rapporto fra lunghezza della circonferenza di un cerchio e del suo diametro, cioè un valore di π (pi.greco/3,14).

Detto questo potete constatare come lo studio sulla matematica di alcuni popoli antichi ha aiutato a scoprire nuove formule e teorie. Come pure potete notare che nonostante tutte queste scoperte matematiche a carattere scientifico, il numero ha mantenuto nel tempo la sua aura di mistero. L'utilizzo pratico delle cifre si è sempre miscelato alla profonda natura esegetica che le colloca in una sfera di simboli e di codici, insomma il mondo della Numerologia.

La tecnica tuttora più utilizzata è la commutazione delle lettere in numeri ai quali, successivamente, potrete abbinare una funzione, un colore, un elemento alchemico (Acqua, Fuoco, Terra, Aria), il genere maschile o femminile della lettera, il segno zodiacale, il pianeta, ecc., come descriverò in dettaglio nei capitoli a seguire.

Capitolo 5

I NUMERI SACRI

Perché si dice che il numero è sacro? La risposta sta nel valore intrinseco dello stesso.

La simbologia applica al numero un carattere e una forza. Avete letto prima come il numero da soggetto puramente matematico possa invece assumere una qualità spirituale.

Una considerazione aggiuntiva è quella di attribuire al numero questa qualità, anziché un valore meramente legato alla quantità. Questo avviene nel caso dell'architettura (piramidi, cattedrali gotiche, ecc.) e della geometria (mandala tibetani, mosaici arabi, ecc.) sacre, per le quali si può applicare l'armonia delle forme. Anche l'Astrologia arcaica, oltre a studiare da un punto di vista puramente scientifico i movimenti dei pianeti e degli astri, ne valutò i ritmi, i flussi energetici e le strutture armoniche.

Dopo questa sintesi introduttiva siete pronti ad interpretare i numeri mistici della Numerologia, essi sono: 1, 2, 3, 4, 5, 6, 7, 8, 9, 10, 12, 40, 70.

UNO - base della numerazione, ha valore prevalentemente filosofico/mistico; simboleggia l'uomo eretto (vivo, attivo, attento, positivo). È un numero di genere maschile.

DUE - rispecchia la dualità: assume la caratteristica dell'opposizione e del conflitto. È un numero di genere femminilc.

TRE - è il tipico Numero Sacro delle religioni antiche (per esempio ricorre nella Divina Triade babilonese Anu, Bel ed Ea; nella Trimurti indiana e nella Santissima Trinità del cristianesimo). È il numero della spiritualità.

QUATTRO - fu sacro ai Babilonesi, agli Ebrei, e ai Pellirossa. Il suo significato simbolico è quello della Terra e dei quattro punti cardinali (si collega con quello del quadrato e della croce) e rispecchia la solidità e la pienezza.

CINQUE - rappresenta l'unione, il centro, l'universo, l'ordine e la perfezione. Il cinque è mediano nella prima serie di numeri: 1, 2, 3, 4, **5**, 6, 7, 8, 9. Osservate il cinque, esso si trova dopo i primi quattro e davanti agli ultimi quattro. La somma di 1+2+3+4 è uguale a 10, e se facciamo 6+4, 7+3, 8+2, 9+1 abbiamo sempre il risultato 10 - queste operazioni dimostrano l'armonia tra i numeri.

SEI - è simbolo di ambivalenza, ma anche di potenza e può rappresentare sia il bene che il male. Esso si raffigura con un grafico fatto di sei triangoli equilateri iscritti nel cerchio: ogni lato dei triangoli equivale al raggio del cerchio e 6 è circa il rapporto della circonferenza con il raggio – 2 volte *pi-greco* (2 x 3,14 = 6,28). Quella appena descritta è la parte positiva, ma il sei può diventare negativo in quanto ago della bilancia tra il positivo e il negativo. Il 6 ripetuto tre volte (666) ricorre nella simbologia satanica.

SETTE - era il numero astrologico sacro ai

Babilonesi, agli Ebrei, agli Indù e ai Cristiani (7 sacramenti, 7 doni dello Spirito Santo). Ogni periodo lunare dura sette giorni e i quattro periodi del ciclo lunare – 7 x 4 = 28 – concludono il ciclo lunare. Se sommate 1, 2, 3, 4, 5, 6, 7 il vostro risultato sarà 28. Da questo ed altre circostanze il numero sette indica il passaggio dalle cose note a quelle ignote. Era il *Numero Sacro* per eccellenza dei Sumeri.

OTTO - è il numero dell'equilibrio cosmico. All'ottavo giorno dalla sua morte Gesù resuscitò e profetizzò che l'umanità si sarebbe risvegliata dal torpore terrestre, annunciando la futura beatitudine.

NOVE - per molti popoli ha rappresentato le sfere celesti o, al contrario, gli inferi (esempio Dante nella Divina Commedia). Questo numero ha un ruolo importante sia nella mitologia, che nei rituali degli sciamani. Esso è il simbolo della molteplicità che ritorna all'unità. Il nove indica la fine di un ciclo vecchio, e l'inizio di quello nuovo, essendo collocato all'ultimo posto della scala dei numeri primi.

DIECI - in quanto somma del 3 e del 7, viene ritenuto anch'esso sacro. Pitagora lo utilizzò per formare la *Tetraktys*. Il 10 rappresenta la totalità, il ritorno all'unità.

DODICI - ebbe un valore divino presso le civiltà mesopotamiche e gli Ebrei. Esso rappresenta la divisione spazio-temporale. Dodici sono i segni zodiacali, dodici i mesi dell'anno. È il numero dei frutti dell'albero della vita. Gli Apostoli di Gesù erano dodici.

QUARANTA - simboleggia la prova, l'attesa e la preparazione. Nella Bibbia questo numero viene citato più volte: Mosè aveva quarant'anni quando fu chiamato da Dio (similare la prova del deserto di Gesù).

SETTANTA - multiplo del sette, simboleggia la totalità del ciclo evolutivo e l'universalità.

Ora vi vado a proporre il significato numerologico tramandato dalla Bibbia. Tra i libri compresi sia nel Nuovo che nel Vecchio Testamento risaltano la Genesi e il Pentateuco per il grande valore mistico numerologico contenuto nelle loro pagine.

UNO - rappresenta unità e inizio. Il Primo giorno, fu creata la Luce.

DUE - nel Secondo giorno viene evidenziata la doppiezza del genere umano. Infatti la parola "doppio" viene applicata al cuore, alla mente, alla lingua e al comportamento umano.

TRE - il Terzo giorno l'opera fondamentale della creazione viene completata per cui viene ad assumere un significato di pienezza e di perfezione. Infatti il Quarto, Quinto e Sesto giorno ne sono la controparte.

QUATTRO – esprime la formula mistica del 3+1, ovvero al Terzo giorno della creazione della Terra appaiono gli esseri viventi.

CINQUE - riveste il ruolo di Grazia Divina (4+1), cioè Dio benedice la propria opera. Per la Cabala ebraica (la Numerologia Sacra dei Semiti) il 5 assurge al ruolo di numero più importante. Inoltre il 5 e i suoi multipli sono le misure fondamentali per la costruzione del Tabernacolo.

SEI - è il numero dell'Adamo. L'uomo venne creato il Sesto giorno. Il suo iter terrestre iniziò cadenzato dai sei giorni dedicati al lavoro. Ritroviamo il 6 in molti grandi personaggi che osarono sfidare il volere di Dio (*Golia, Nebucadnetzar*, l'*Anticristo*): furono tutti segnati in modo enfatico con questo numero.

SETTE - rappresenta la perfezione spirituale. È il numero che designa l'opera dello Spirito Santo. Egli è l'autore della Parola di Dio, nella quale il 7 è impresso (Dio è il fautore e il dispensatore della vita).

OTTO - è il numero della rinascita/palingenesi e della rigenerazione. Si collega alla risurrezione di Gesù l'ottavo giorno dopo la crocifissione. È il numero che contrassegna la domenica. Il numero 8 o i suoi multipli sono rappresentativi dei nomi del Salvatore.

NOVE - numero collegato al Giudizio. È il quadrato di 3, prodotto della Divina completezza. Il 9 o i suoi fattori si trovano in tutti i passi biblici relativi al Giudizio.

DIECI - è la perfezione ordinale. Anch'esso significa primo perché dopo il 10 riprende la numerazione (10 + 1 = 11).

UNDICI - rappresenta il disordine, la disorganizzazione. Il tempo del Caos che arriva dopo una distruzione.

DODICI - numero dell'eccellenza, dopo l'undici si ricrea un nuovo assetto organizzativo. È il numero rappresentativo delle tribù, degli apostoli, della suddivisione del tempo e dello zodiaco.

TREDICI - è la ribellione e l'apostasia (disintegrazione, rivoluzione, ecc.). Il numero compare prima nella Genesi e conferma che, attraverso la gematria connessa, esso è associato con brani che citano la ribellione.

DICIASSETTE - è la combinazione tra Ordine e Spirito (10+7). La perfezione spirituale da esso espressa appare nel Salmo 119 (17 x 7) e nella Pesca Miracolosa (153 pesci, 17 x 3 x 3).

Altri numeri, nella Bibbia, seguono queste leggi spirituali che governano i numeri minori in quanto fattori multipli di essi, ad esempio: il 24 è il risultato di 12 x 2 quindi la testimonianza della gestione del tempo e del potere sia temporale che spirituale.

25 = 5 x 5 - la grazia intensificata (5 = grazia al quadrato);

27 = 3 x 3 x 3 - la divinità manifestata;

28 = 7 x 4 - la perfezione spirituale connessa alla Terra;

30 = 3 x 10 - la perfezione spirituale applicata all'Ordine;

40 = 4 x 10 - l'Ordine divino applicato alla Terra.

3, 7, 10 e 12 sono considerati Numeri Perfetti; il loro

prodotto è 2520. Esso può essere diviso per ciascuno dei primi dieci numeri e il 12, la divisione ha come resto lo zero.

2520, pertanto, diventa il minimo comune denominatore dei dieci numeri che governano la numerazione più il 12. È anche considerato il numero della perfezione cronologica (7 x 360), i giorni dell'anno ebraico.

CAPITOLO 6

CHE COS'È ED A CHE COSA SERVE LA NUMEROLOGIA?

Considerate la Numerologia una scienza simbolica che offre la possibilità di dare un'interpretazione ai fatti e alle caratteristiche degli eventi quotidiani che vi coinvolgono. Essa è nata da un insieme di credenze e di tradizioni tramandateci da civiltà e antichi popoli, che hanno messo in rapporto i numeri con gli esseri viventi ed il cosmo.

La Numerologia non fa parte della matematica che studiamo a scuola ma ne utilizza, in certi casi, le formule come ad esempio nella costruzione dei quadrati magici, oppure per calcolare il "*numero d'oro*". Generalmente assegna al numero un simbolismo che rappresenta la struttura e l'organizzazione di una cosa. Tutto in natura è riconducibile ad un numero. Per farvi un esempio cito Keplero che, nel 1610, osservando cadere un fiocco di neve, constatò che, durante ogni nevicata, i primi fiocchi avevano la forma di un asterisco con 6 angoli. Cosa significa questo? Che tale forma caratterizzata da sei angoli implica che c'è una causa determinata e non dovuta al caso. La domanda che viene spontanea è perché non ne cadono con 5 o 7 angoli?

Questo tipo di quesito ricorre spesso osservando la natura. Per rispondere è doveroso distinguere i numeri astratti che appartengono alla matematica, i numeri concreti dei computi, e i numeri simbolici che sono materia dei poeti, dei filosofi, dei religiosi e degli esoteristi.

Per ideare le Tavole che vi serviranno per i responsi ho elaborato un metodo/gioco facile da utilizzare, che prende spunto dal desiderio, comune a tutti, di volere conoscere il futuro. Le tecniche sono quindi le chiavi di accesso alla conoscenza e, di conseguenza, gli strumenti per sondarla.

Il lavoro interpretativo che ho sviluppato si ricollega alle antiche simbologie dei numeri e delle lettere. Ad esse ho connesso le caratteristiche e le qualità del nostro bagaglio esperienziale quotidiano: ovvero il racconto dell'individuo nel suo habitat naturale e sociale. Non solo subiamo le influenze dal Cielo, bensì siamo sottoposti ad un'infinità di stimoli provocati dalla società.

La Numerologia è dunque, un metodo giocoso e divertente che possiamo impiegare per: conoscere meglio noi stessi e i nostri talenti - aiutare i nostri figli ad esprimere il loro potenziale - prendere decisioni importanti, in ambito personale, affettivo e lavorativo - aiutare un amico a dipanare i propri dubbi – e molto altro ancora.

CAPITOLO 7

CAPITOLO 7

QUADRATI MAGICI

Lo studio del *Quadrato Magico* mi ha sempre affascinata e stimolata (come il Sudoku) per la sua struttura numerica che può tenere in buon allenamento la mente.

Esso, insieme al cerchio e alla croce, è una delle figure fondamentali nel linguaggio simbolico. Un esempio importante e ricorrente è quello della Terra rappresentata dal quadrato (una forma evocativa del potere occulto e del senso del segreto).

Su questo argomento esiste una vasta tradizione che inizia con una leggenda orientale.

Il più antico *Quadrato Magico* giunse dalla Cina ai tempi della dinastia Shang e divenne la base di tutti gli studi successivi.

La storia racconta che, nel 2800 a.C. ci fu una catastrofica piena di un affluente del fiume Giallo, il Lo', provocata dall'ira del dio del fiume, pertanto la popolazione gli offrì sacrifici per fare cessare il disastro. Al termine di ogni offerta dal fiume usciva una tartaruga, ma la furia delle acque persisteva.

Un giorno un bambino osservò la tartaruga e si accorse che il carapace erano disegnato con strani segni geometrici: piccoli cerchi allineati ordinatamente. Un pescatore portò l'animale ai grandi matematici di corte che lo studiarono, scoprendo un quadrato di segni la cui somma costante era il numero 15 su ogni riga, colonna o diagonale. Per gli studiosi significò che il dio del fiume richiedesse 15 sacrifici per calmare la sua rabbia. La furia devastatrice del fiume cessò, l'arcano messaggio divino era stato bene interpretato. Da quell'importante momento i saggi matematici iniziarono uno studio specifico del *Quadrato Magico* che culminò nel 400 a.C. con una serie d'interpretazioni chiamate Lo-Shu (in onore dello scopritore del primo *Quadrato Magico*). L'ormai celebre simbolo fu considerato sacro e rappresentò da quel momento i misteri della matematica e dell'universo. I cerchi del Lo-Shu furono, in seguito, trasformati in numeri. Fu così che si scoprì l'equazione del *Quadrato Magico* di ordine 3 (*Numero Perfetto*, la cui elevazione al quadrato è 9 (3 x 3), la cui costante magica *M* (*n*) è uguale a (15) come sotto descritta.

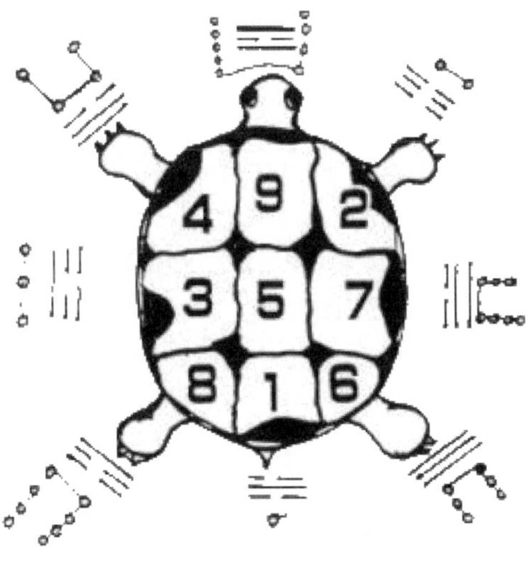

Tartaruga Lo-Shu (*disegno tratto da Wikipedia*)

Il risultato 15 è ricavato dall'applicazione della seguente formula che servirà anche per il calcolo della *costante* di altri ordini come descriverò in seguito:

$$M_2(n) = \frac{n(n^2+1)}{2}$$

ovvero [3 x (3 . 3 + 1)] : 2 = 30: 2 = 15

Nella casella centrale del quadrato (figura 2 pag. 39), è inserito il numero 5, indice simbolico della *Terra* (da intendersi come elemento alchemico), intorno al quale sono distribuiti il 4 e il 9 che a loro volta rappresentano l'elemento *Metallo*. Il 2 e il 7 significano il *Fuoco*.

Infine i numeri dall'1 al 6 simboleggiano *l'Acqua* e quelli dal 3 all'8 il *Legno*.

Un'altra importante fonte relativa ai *Quadrati Magici* ci giunge dai Sabei (ottavo secolo circa a.C.).

Il popolo semitico, appartenente al ramo più illustre delle etnie dell'Arabia meridionale e dell'Africa centro-orientale, prese il nome dalla regina di Saba. Essi si distinsero dalla altre popolazioni del Medio Oriente e del Mediterraneo per la superiorità delle loro conoscenze e la raffinatezza dei rituali.

Considerando i pianeti e le stelle mediatori tra terra e cielo, i Sabei coltivarono l'astrolatria e trasformarono ogni torre in un osservatorio astronomico.

Pertanto gli studi sugli astri stabilirono un rapporto

tra i *Quadrati Magici* e i *Pianeti*, ai quali attribuirono un *ordine* in base al loro movimento:

Saturno	*ordine* 3
Giove	*ordine* 4
Marte	*ordine* 5
Sole	*ordine* 6
Venere	*ordine* 7
Mercurio	*ordine* 8
Luna	*ordine* 9

Il *Quadrato Magico* è una configurazione numerica di straordinario potere ermeneutico e, proprio per suddetto motivo, l'ho scelto per gli abbinamenti che nelle fasi successive vi condurranno al Gioco finale.

La conoscenza dei *Quadrati Magici* fu portata in Europa nel nono secolo, grazie alle opere tradotte da alcuni eruditi arabi.

Qui venne approfondita da filosofi, alchimisti ed esoteristi di grande fama. Essi attribuirono ai *Quadrati Magici* un preciso sistema cifrato: l'*ordine* (3, 4, 5, 6, 7, 8 e 9), che è rappresentato dal numero delle colonne e delle righe che compongono la figura esplicativa n.1.

Non è possibile realizzare gli *ordini* 1 e 2, perché non ha senso riprodurre quadrati con solo una o due caselle.

Come potete costruire con facilità un *Quadrato Magico*?

Inserite i numeri derivati dall'elevazione al quadrato dell'ordine, in generale, nelle caselle della figura geometrica n.1: se l'*ordine* è 3 le caselle saranno 9 e la loro la somma, eseguita orizzontalmente, verticalmente e obliquamente sulle diagonali, vi darà per risultato sempre il medesimo numero, il 15.

Seguite, adesso, le mie indicazioni ed osservate le figure n.1 e n.2.

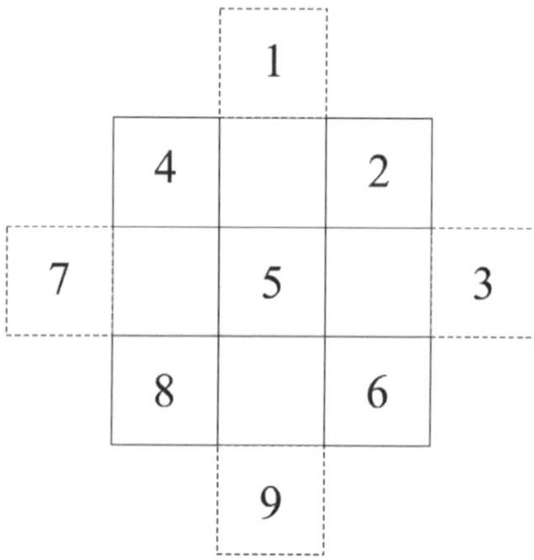

Figura 1

4	9	2
3	5	7
8	1	6

Figura 2

Disegnate un grafico vuoto uguale a quello della figura n.1, nel quale dovrete scrivere i numeri da 1 a 9. Inserite l'1 nella casella sporgente tratteggiata in alto e 9 di fronte, in quella in basso. Partendo dall'1 spostatevi in diagonale nelle sottostanti caselle, e scrivete il 2 e il 3. Risalite e, partendo dalla prima casella in alto nella prima riga, riportate i numeri 4, 5 e 6. Continuate con 7, 8, 9. Come potete notare quattro caselle sono rimaste vuote.

Questo vi permetterà di collocare ordinatamente i numeri nel quadrato della figura n.2, procedete nel seguente modo: spostate il numero 1 nella casella tra l'8 e il 6, mentre il 9, sale e si posiziona tra il 4 e il 2. Stessa operazione fate con il 7 e il 3 che si devono fronteggiare: invertite le caselle.

Il numero 5 deve mantenere la sua posizione centrale. Notate come leggendo le diagonali, partendo dalla casella in alto a destra e scendendo verso quella di sinistra, il numero costante da 3 al 9 e da 2 a 8 e dall'1 al 7 è sempre 3. Mentre le diagonali opposte fanno aumentare i numeri di un solo punto (1,2,3, ecc.). Verificate che la somma dei numeri posti sulle righe uguagli quella sulle colonne e sulle diagonali, in questo esempio la somma, *Costante Magica*, è 15.

Adesso che conoscete il metodo vi lascio divertire a costruire gli altri *Quadrati Magici*. Ancora un suggerimento: quando costruirete i *Quadrati Magici* di ordine pari, nella figura n.1 metterete due sporgenze tratteggiate ad ogni lato del disegno. Per il calcolo delle *Costante Magica* utilizzate la formula descritta all'inizio del capitolo.

Vi faccio ancora un esempio di calcolo prendendo in considerazione il *Quadrato Magico* di *ordine* 9 (il suo quadrato matematico è 81), lo schema sarà disegnato con 9 righe orizzontali e 9 colonne nelle quali inserirete i numeri da 1 a 81, la *Costante Magica* si ottiene con la formula:

M(9) = [9 . (9 . 9 + 1)] : 2

(9 . 82) : 2 = 369

risultato ottenuto dalla somma dei numeri letti nelle colonne, nelle righe e nelle diagonali. Il *Quadrato Magico* 9 è riferito alla *Luna*.

Ogni corpo celeste è raffigurato da un *sigillo* (un monogramma formato da segni o caratteri), rappresentazione che fu documentata nel 1533 dall'umanista Enrico Cornelio Agrippa da Nettesheim nella sua opera *De occulta Philosophia*.

I *sigilli* o *signaculi* dovevano permettere la comunicazione con i custodi spirituali dei pianeti (che nel mio Gioco chiamerò *Messaggeri*) e la possibilità di ricevere la loro sapienza.

Potete inserire all'interno dei quadrati i grafici che rappresentano gli astri. Interessante è la possibilità che avete di realizzare i *Quadrati Magici* disegnandoli sulla pergamena, sulla stoffa, sul legno, creando così dei portafortuna da tenere con voi.

La funzione del talismano è quella di stimolare le vostre capacità artistiche e la creatività oltre che, come già accennato, fungere da protezione.

Per avere più efficacia da questo punto di vista, inserite nei quadrati dei vari *ordini* il *sigillo* relativo al pianeta di competenza: troverete il loro simbolo a fine capitolo.

L' *ordine* 3 - Saturno

Schema di 3 colonne, 3 righe e 9 caselle, numeri da inserire 9, costante magica 15. La funzione del talismano è quella di farvi accettare i cambiamenti che avvengono nella vostra vita.

L'*ordine* 4 - Giove

Schema di 4 colonne, 4 righe e 16 caselle, numeri da inserire 16, costante magica 34. La funzione del talismano è quella di proteggervi dai pericoli mortali, aiutarvi a vincere e a propiziarvi ricchezza ed onori.

L'*ordine* 5 - Marte

Schema di 5 colonne, 5 righe e 25 caselle, numeri da inserire 25, costante magica 65. Il talismano vi proteggerà dalle malattie e dai nemici, vi procurerà forza e coraggio.

L'*ordine* 6 - Sole

Schema di 6 colonne, 6 righe e 36 caselle, numeri da inserire 36, costante magica 111. Il talismano avrà la funzione di portarvi fortuna e successo sul lavoro.

L'*ordine* 7 - Venere

Schema di 7 colonne, 7 righe e 49 caselle, numeri da inserire 49, costante magica 175. La funzione principale del talismano sarà quella di favorire le relazioni amorose e la fortuna nei giochi d'azzardo (ma non esagerate!).

L'*ordine* 8 - Mercurio

Schema di 8 colonne, 8 righe e 64 caselle, numeri da inserire 64, costante magica 264. La funzione del talismano è quella di proteggervi in tutte le attività commerciali e gli affari in genere, inoltre rafforza le vostre capacità psichiche.

L'*ordine* 9 – Luna

Schema di 9 colonne, 9 righe e 81 caselle, numeri da inserire 81, costante magica 369. La funzione del talismano è quella di stimolare le vostre capacità artistiche e la creatività, inoltre vi protegge nei viaggi per mare.

A proposito dei *Quadrati Magici*, vi racconto un episodio che mi ha permesso di scoprire il metodo di costruzione di uno schema magico. Nel 1996 mi trovavo in Spagna per un viaggio di piacere. Quando arrivai a Barcellona andai subito a visitare la *Sagrada Familia:* l'imponente basilica progettata da Gaudì alla fine dell'800 e non ancora ultimata. Rimasi molto impressionata dalla scultura posta sulla facciata detta della *Passione*, accanto alla statua che rappresenta il *bacio di Giuda*, era scolpito un *Quadrato Magico* diverso da tutti quelli che avevo conosciuto. Alcuni numeri erano ripetuti (il 10 e il 14), incuriosita feci la somma delle colonne e delle righe, il risultato ottenuto fu il 33 anziché il 34. Allora cercai di contattare il creatore, l'architetto catalano Subirachs, tramite un amico.

Ebbi così il piacere di conoscere un uomo di grande intelligenza, un po' misterioso e amante della solitudine, un vero artista. Dato il mio interesse, egli fu molto disponibile e mi mostrò i suoi schizzi, mi parlò delle sue ricerche, mi spiegò la differenza tra il suo *Quadrato Magico* e quello di Durer. Gli chiesi il perché della scelta del numero 33, come *Costante magica* che indica gli anni di Cristo; mi sorrise e disse che era uno studio che portava avanti da sempre, ma non approfondì l'argomento, anzi mi mostrò altri disegni riguardanti lo studio delle mani con altrettanti numeri, e lasciò che fossi io ad interpretare e a rispondere al quesito postogli. Perciò ho seguito il suo consiglio ed ho continuato a ricercare e studiare a mia volta le diverse interpretazioni ed utilizzi di questi metodi.

Le tavole degli astri da inserire negli appositi quadrati magici

Saturno - 3

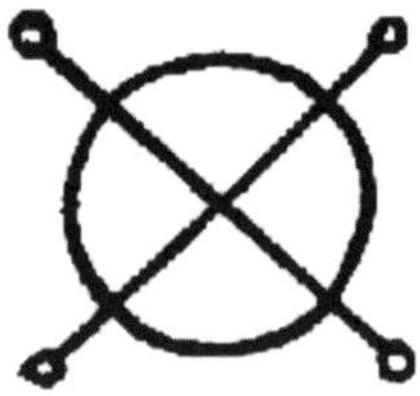

Giove - 4

Marte - 5

Sole - 6

Venere - 7

Mercurio - 8

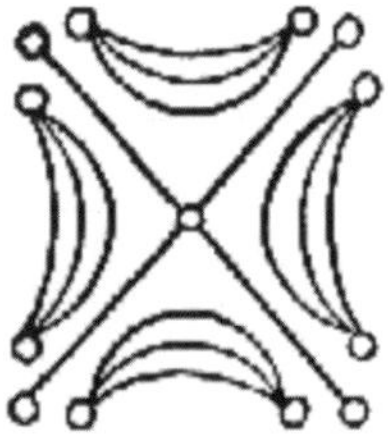

Luna – 9

CAPITOLO 8

CAPITOLO 8

RAPPORTO DELL'UOMO CON I NUMERI E LE LORO FUNZIONI

Siete entrati nella parte esegetica del libro: questo capitolo ha una funzione propedeutica rispetto al successivo dedicato al Gioco. Tale studio è la sintesi di tutti i capitoli precedenti e ha lo scopo di condurvi, attraverso i vari passaggi interpretativi della Numerologia, alla comprensione delle Tavole Esegetiche finali.

Il rapporto con i numeri, che oggi tutti abbiamo, sembra ovvio: contiamo, quantifichiamo, cataloghiamo. La maggior parte degli studenti vorrebbe che la matematica sparisse - materia troppo difficile dicono. Non c'è il rischio che si faccia un passo indietro rispetto ai nostri antenati? Si è perso, a mio parere, il piacere di scoprire nelle cose la loro essenza e la loro funzione. Oserei dire che ci siamo spogliati di quella magia che un tempo spingeva gli avi nella ricerca e nella scoperta delle novità da esplorare.

Uscite, cari lettori, dalla prigione dei ritmi frenetici, fermatevi di tanto in tanto e riprendete contatto con la sapienza del passato che, inoltre, saprà dispensare consigli utili.

Grazie al Gioco ho voluto rivivificare le antiche simbologie donandovi i tesori celati nei numeri, trovo sia intrigante scoprirne il mistero. Assegnerò ad ogni numero l'*influenza*, il *colore*, il *genere*, il *corpo celeste*, la *lamina dei Tarocchi* e il *Messaggero* (il custode spirituale dei Pianeti, come li chiamava Cornelio Agrippa).

La prima operazione per entrare nel cuore della Numerologia è quella di compilare una tabella alfanumerica, dove farete corrispondere ad ogni lettera una cifra. Essa sarà composta dai numeri dall'1 al 9 ai quali abbinerete le ventuno lettere del nostro alfabeto, più le cinque lettere utilizzate negli alfabeti stranieri.

Tabella alfanumerica

1	**2**	**3**	**4**	**5**	**6**	**7**	**8**	**9**
A	B	C	D	E	F	G	H	I
J	K	L	M	N	O	P	Q	R
S	T	U	V	W	X	Y	Z	

Paragrafo 1

Il numero della personalità

Adesso scrivete il vostro nome, cognome e, ad ogni lettera, assegnate il numero come da tabella. Addizionateli tra loro e aggiungete la cifra ottenuta dalla vostra data di nascita, il totale indicherà il numero della personalità, identificherà le vostre natura ed essenza interiore ed i vostri carattere ed atteggiamento sociale. Inoltre avrete alcuni spunti di riflessione sui percorsi e sugli eventi più significativi della vostra vita.

Pitagora insegna che i numeri personali collegano, dunque, l'individuo al Tutto. Essi diventano simboli che potrebbero rivelare le vostre sfumature caratteriali o quelle di un'altra persona.

Prendiamo l'esempio di ***John Fitzgerald Kennedy*** (29/05/1917)

a) Considerate il nome e il cognome di John Fitzgerald Kennedy il cui risultato secondo la Tabella alfanumerica è **107**.

b) Riducete in un unico numero il 107 = **8**

c) Ora calcolate la data di nascita 29/05/1917 che dà per risultato 34 = **7**

d) Sommate i due risultati ottenuti 8 + 7 = 15 = **6**

Egli aveva una personalità caratterizzata dal numero 6:

"**IL SEI** esprime talento artistico, senso estetico e rappresenta l'armonia, la perfezione e la diplomazia. La personalità Sei ha anche in dono la capacità di essere un buon genitore e, sul lavoro, di dimostrare un'eccelsa professionalità".

Consiglio

Di fatto non posso dare un consiglio al grande statista americano assassinato a Dallas il 22/11/1963.

Tabella dei numeri abbinati alla personalità

L'UNO è associato alla responsabilità e alla capacità decisionale. Se siete una personalità Uno possedete la caratteristica di primeggiare nel lavoro. Decidete secondo il vostro intuito però siete capaci di ascoltare e di valutare attentamente le opinioni degli altri. Scegliete con oculatezza i vostri collaboratori. In pratica siete dei leader. La vostra vivida immaginazione può distrarvi dagli obbiettivi principali.

Consiglio

Imparate a non lasciarvi influenzare, ma a riconoscere le qualità di coloro che vivono accanto a voi. Così facendo potrete allargare la cerchia di persone amiche e aumentare le vostre capacità decisionali con coerenza.

IL DUE rappresenta l'equilibrio, la capacità di accettare la dualità su cui si basa ogni vostro sforzo. Come personalità Due siete dotati di comprensione, gentilezza, diplomazia che vi permetteranno di realizzare le méte prefissate.

Consiglio

Evitate l'imprudenza se volete mantenere la pace conquistata. Siate prudenti nel confidare i vostri veri sentimenti a persone che non conoscete bene, sarete così invulnerabili.

IL TRE rappresenta il buonumore, il coraggio e la speranza. Se siete una personalità Tre avete la capacità di giocare i vostri talenti in ambito sociale, garantendovi un successo mondano.

Consiglio

Applicate le vostre qualità per dialogare con il prossimo senza strafare e senza imporvi. L'eleganza unita alla gentilezza e al buon umore aprono "porte" inimmaginabili che conducono al fine desiderato.

IL QUATTRO evidenzia la resistenza, la pazienza e la costanza. Se siete una personalità Quattro tendete a ricercare il successo, particolarmente nel lavoro, operando con metodo e pragmatismo.

Consiglio

Non sfuggite e non trascurate i particolari nelle vostre imprese. Usate più umiltà per cavalcare gli eventi. Una persona umile, oltre a comprendere i problemi altrui, riesce anche a risolverli e, pertanto, a diventare un faro per chi ha smarrito il proprio giusto percorso.

IL CINQUE rappresenta i cambiamenti, la velocità, l'intuito e l'accettazione di qualsiasi novità. Se siete una personalità Cinque amate vivere fuori dagli schemi. Siete, inoltre, molto curiosi ma con fascino.

Consiglio

Evitate di commettere errori per la fretta eccessiva, siate prudenti e non concentrate tutti gli sforzi su un solo punto. Scoprite la vostra vena umoristica. Agite con attenzione.

IL SEI esprime talento artistico, senso estetico e rappresenta l'armonia, la perfezione e la diplomazia. La personalità Sei ha anche in dono la capacità di essere un buon genitore e, sul lavoro, di dimostrare un'eccelsa professionalità.

Consiglio

Evitate i contrasti in famiglia, con gli amici, i soci

e i colleghi di lavoro. Fate valere le vostre capacità caratterizzate dal buon senso e dall'amore per la vita. La pignoleria può essere utile quando si dipinge un capolavoro, ma è una lama a doppio taglio: se sbagliate una pennellata l'opera si trasforma in una "crosta".

IL SETTE è reso peculiare dalla profondità di pensiero, dall'intellettualismo e dall'altruismo. Una personalità Sette dimostrate scarsi interessi di carattere materiale. Il successo si ottiene con l'applicazione negli studi e con la ricerca continua di informazioni utili per arricchire le conoscenze.

Consiglio

È nel silenzio che potete evolvere mentalmente. Utilizzate la dolcezza che vi caratterizza per conquistare amicizie e benevolenza. Non basta isolarvi per creare, occorre anche condividere le scoperte con altre persone.

L'OTTO rappresenta la prosperità, la capacità di governare, l'intuito negli affari. La personalità Otto è dotata di grande sensibilità.

Consiglio

Applicate l'autodisciplina e la determinazione per raggiungere il successo in tutti i campi della vita. La distrazione crea ostacoli, a volte insormontabili, che rallentano la corsa verso il successo. Non dovete lasciarvi coinvolgere a tutti i costi.

Il NOVE delinea lungimiranza ed applicazione nel lavoro e nello studio. Mostra anche una personalità romantica ed idealista. I pregi fondamentali sono la generosità e l'amore incondizionato.

Consiglio

Dominate l'eccessivo altruismo, evitate gli impulsi emotivi. La cattiveria altrui non deve demoralizzarvi e creare perdite e delusioni.

Paragrafo 2

I numeri abbinati all'anno

Il paragrafo in questione vi darà informazioni approfondite su precise frazioni temporali.

Seguite le istruzioni riportate di seguito negli esempi.

Per interpretare e studiare a fondo i particolari che riguardano un dato periodo dovrete sommare alla data di nascita del consultante il giorno dell'anno interessato, avrete così un'indicazione che vi permetterà di valutare con più chiarezza la situazione.

Esempio per l'anno

Prendete in considerazione una data di nascita e l'anno per il quale volete risolvere un quesito ed eseguite il seguente calcolo:

per esempio una persona nata il 9 marzo 1974 vuole avere un'indicazione generale per l'anno 2013.

a) Considerate la data di nascita 9/3/1974 - 9+3+1+9+7+5 = 33, la cui somma dà come risultato il **6**

b) Riducete in un unico numero l'anno 2013, risultato **6**

c) Sommate i due risultati ed ottenete 12 che ridotto è **3**

Avete ottenuto il risultato per l'anno **TRE**. Andate a cercare la risposta nell'elenco seguente. In questo caso il **consiglio** è quello di: *approfondire le relazioni sociali attraverso la cortesia e la simpatia. Evitare di agire impulsivamente e ricercare un modo elegante di comunicare spiacevoli notizie.*

Tabella dei numeri abbinati all'anno

ANNO UNO

È un anno favorevole ai cambiamenti, alle novità e alle nuove imprese. È propizio per i viaggi e la conoscenza di altre culture. Nell'anno Uno occorre applicare l'autodisciplina.

Consiglio

Riflettete sulle decisioni da prendere prima di programmare eventuali lavori, viaggi ed altri eventi. Provate a sperimentare nuovi atteggiamenti di vita allargando le vostre conoscenze. È meglio essere prudenti, ottimisti e positivi.

ANNO DUE

È l'anno delle proposte vantaggiose di lavoro, di collaborazioni utili, di nuove amicizie. Parola d'ordine ottimismo.

Consiglio

Abbiate fiducia in voi stessi e mantenete la vostra personalità senza lasciarvi impressionare dal giudizio altrui. La vostra sensibilità vi renderà più disponibili.

ANNO TRE

È l'anno nel quale non farsi trascinare dal troppo entusiasmo. Cercare le occasioni adatte per migliorare l'aspetto fisico ed abbellire la casa. In questo anno sono favorevoli i matrimoni.

Consiglio

Approfondite le relazioni sociali attraverso la cortesia e la simpatia. Evitate di agire impulsivamente, ricercate un modo elegante di comunicare spiacevoli notizie.

ANNO QUATTRO

È un anno difficile in campo economico per cui l'obiettivo è un maggiore impegno nel risparmio. Ponderare con cura per riconoscere e correggere gli errori commessi in precedenza.

Consiglio

Concedetevi una pausa per acquisire le forze necessarie per rincominciare con praticità ponendovi degli obiettivi precisi. Evitate le spese eccessive per accontentare chi amate; valutate le conseguenze di un'azione negativa anche se compiuta con le migliori intenzioni.

ANNO CINQUE

È un anno di cambiamenti improvvisi, di colpi di scena. Saranno stimolate l'intelligenza e l'elasticità mentale. È necessario che rimanere saldamente ancorati al buon senso.

Consiglio

Non fate programmi a lunga scadenza, siate pronti ad accettare le novità senza avere timore delle incognite. Mantenete la serenità e riposatevi di più.

Ascoltate l'interlocutore e, dopo un'attenta riflessione, prendete la decisione; da essa dipenderà il futuro non solo vostro, ma anche di coloro che vi stanno accanto.

ANNO SEI

È un anno nel quale rafforzare le amicizie, le collaborazioni e le conoscenze a lungo termine. Influenze favorevoli della famiglia, dove si possono trovare armonia, comprensione e aiuto. La casa sarà il rifugio più sicuro.

Consiglio

Non trascurate le relazioni sociali e impegnatevi ad esprimere amabilità e simpatia. Occorre giudicare con buon senso i vostri sentimenti e quelli altrui. Sedetevi a tavolino per discutere e comprendere: è il primo passo per una buona convivenza.

ANNO SETTE

È un anno adatto per gli affari azzardati e le speculazioni. Possono subentrare colpi di fortuna. La meditazione è la tecnica consona ad evitare errori di valutazione. Occorre pertanto trovare momenti per stare in solitudine: concentrazione. Studiare a fondo sé stessi è un'attitudine al miglioramento.

Consiglio

Non fantasticate ed evitate di sottovalutare i valori fondamentali della vita. Rendete più sinceri e vivi i sentimenti. La fretta di decidere lascia una scia di delusioni e di solitudine. Conviene seguire l'intuizione che ha la capacità di aprire la porta della fortuna.

ANNO OTTO

È un anno importante per la realizzazione dei progetti programmati negli anni precedenti con possibilità d'incontri interessanti e redditizi. Avere cura della persona, del look e del modo di atteggiarsi; inoltre sono importanti la prudenza e il buonsenso nell'amministrare al meglio quotidianamente la vita.

Consiglio

Allargate la vostra cerchia di conoscenze viaggiando ed avvicinando personalità che si occupano di finanze, di industria e di politica. L'aspetto curato sarà un'ottima presentazione che aumenterà l'approvazione da parte degli altri, che sapranno apprezzare più attentamente vostri progetti.

ANNO NOVE

È un anno in cui esaminare con cura tutte le azioni compiute per eliminare il superfluo, ciò può generare confusione nelle decisioni più importanti. Anche nel campo sentimentale valutare l'atteggiamento del partner con giustizia ed obiettività. Preparare un programma per il prossimo futuro.

Consiglio

Fate un bilancio della vostra vita ed una cernita tra le persone che vi frequentano e completate ciò che avete rimandato per pigrizia. Decidete di illuminare i vostri percorsi (professionale e sentimentale) con intuito ed intelligenza: vi aiuteranno ad avere una visione più chiara dei vostri obiettivi.

Paragrafo 3

I numeri abbinati al mese

Esempio per il mese

Una persona nata il 1 agosto 1945 vuole avere consigli per un evento che dovrebbe svolgersi nel mese di dicembre 2013.

- a) Si considera il giorno, il mese e l'anno di nascita del consultante (1+8+1+9+4+5) la cui somma 28 va tradotta in (2+8) 10, risultato finale (1+0) = 1
- b) si trasforma dicembre 2013 che risulta 9
- c) si sommano i numeri 1 + 9 = 10 = 1

Interpretazione: *sarebbe un bene incontrare persone nuove, ma fate attenzione a non farvi coinvolgere dall'eccessiva emotività. Un viaggio consoliderà la realizzazione di un progetto.*

MESE UNO

È un mese nel quale è possibile prendere iniziative in qualsiasi ambito. Ragionare con discernimento.

Consiglio

Siate razionali, intrecciate nuove relazioni. Il viaggiare vi procurerà vantaggi e conoscenze significative per un cambiamento positivo. Tutto è a portata di mano, ma prima di afferrare, osservate con attenzione di cosa si tratta.

MESE DUE

È un mese adatto alla negoziazione e all'accrescimento della cerchia di conoscenze. È bene evitare i pettegolezzi, l'invidia e la gelosia

Consiglio

Dimenticatevi i vecchi contrasti e diventate più diplomatici. Siate sempre pronti a fronteggiare ogni evenienza e comportatevi seguendo il vostro intuito. L'invidia e la gelosia frenano l'evoluzione, impediscono di vedere la realtà per quello che è.

MESE TRE

È un mese favorevole alla realizzazione di un'iniziativa che può fare aumentare la popolarità. Evitare le spese superflue e stravaganti.

Consiglio

Divertitevi ed accettate gli inviti, mostratevi simpatici e gioiosi. Qualcuno può proporre un progetto che risulterà essere uno "specchio per le allodole", attenzione al portafoglio!

MESE QUATTRO

È il mese della pazienza e della volontà: è meglio sbrigare tutte le attività abbandonate per negligenza. Correggete alcune situazioni difficili. Occuparsi della salute.

Consiglio

Agite con entusiasmo per contrastare la pigrizia. Il vostro primo obiettivo è raggiungere uno stato fisico sano ed equilibrato, la mente, allora, sarà sveglia ed attiva.

MESE CINQUE

È un mese nel quale si evidenziano il nervosismo, la volubilità, l'instabilità nei rapporti con il partner. Evitare di prendere decisioni importanti.

Consiglio

Affidatevi all'intuizione senza dare sfogo al nervosismo. La tensione crea sofferenza ed impedimenti che rallentano l'elasticità mentale e il raziocinio: elementi fondamentali per dipanare situazioni imbarazzanti.

MESE SEI

È un mese in cui valorizzere i rapporti con gli amici. Nuove situazioni nelle quali spiccheranno le doti e le capacità lavorative. Grande importanza ha la famiglia. È un mese adatto alle unioni e ai matrimoni.

Consiglio

Non sfuggite alla responsabilità e non rimandate la soluzione dei problemi. La casa, il partner, i figli, i genitori sono il vero focolare domestico, ma occorre alimentarlo continuamente.

MESE SETTE

È un mese di autoanalisi, è importante l'introspezione sorretta però dal ragionamento. Evitare la caparbietà.

Consiglio

Non siate esibizionisti. È bene dedicarvi alle attività creative ed allo studio. Soffermarvi prima di agire è doveroso: la frenesia porta stress e non permette di guardarvi intorno, rischiate di vedere solo lo scorrere del tempo.

MESE OTTO

È un mese propizio agli investimenti di denaro. Si possono realizzare successi lavorativi ed artistici. È necessario essere tolleranti con la famiglia, gli amici e soprattutto con i collaboratori.

Consiglio

Siate lungimiranti negli affari e applicate le vostre conoscenze con un atteggiamento umile. Non affrettatevi per concretizzare un desiderio. Non siete soli. Se guardate con attenzione coloro che vivono vicino a voi, vi accorgerete che possono elargire consigli e aiuti.

MESE NOVE

È un mese favorevole alle distrazioni, ai contrattempi e al nervosismo. Evitate le discussioni: provocherebbero rotture sia nell'amore che nell'amicizia.

Consiglio

Prestate molta attenzione al comportamento, siate sereni, obiettivi e non intestarditevi. Cosa c'è di più importante degli affetti e della salute? Perché innervosirvi con gli altri quando tendono la mano? Non è futile la loro offerta, ma è segno di generosità.

Paragrafo 4

I numeri abbinati al giorno

I numeri collegati ai giorni non saranno conteggiati come i precedenti nei quali si riduceva qualsiasi risultato in un numero da 1 a 9, bensì i numeri saranno 31: in questo modo ho ampliato di molto le informazioni esegetiche da mettere a vostra disposizione. Tale metodo vi guiderà nell'interpretazione dei quesiti e dei problemi relativi alle specifiche giornate. Quando vi si presenteranno risultati superiori al 31, ad esempio 49, come nel caso dell'esempio, opererete l'addizione tra il 4 e il 9 che darà 13, appunto.

Esempio per il giorno

Una persona nata il 9 marzo 1971 vuole avere consigli per il giorno del suo compleanno: 9 marzo 2014.

- a) sommate i numeri delle due date: il risultato è **49** (es. 9+3+1+9+7+1 = 30 / 9+3+2+0+1+4 = 19 / 30+19 = 49) ;
- b) addizionate il 4 e il 9 ed otterrete **13**

Ora potete andare a consultare la **Tabella dei Numeri abbinati al Giorno (par.8)**, dove troverete numerose e varie opzioni ricche di spunti. Queste schede, tenute a fine capitolo, sono le più complete ed esaustive, in quanto sintetizzano tutti i paragrafi precedenti.

Per facilitarvi il compito qui di seguito vi anticipo l'esegesi dell'esempio sopracitato.

Interpretazione:

Il giorno 13 simboleggia il cambiamento radicale, ma indica anche la speranza. È contrassegnato dalla lettera M, genere/Maschile, elemento/Aria, colore/Blu, pianeta/Saturno, segno zodiacale/Acquario. Al numero è abbinata la lamina dei Tarocchi/LA MORTE che invita a fare piazza pulita del passato: una rivoluzione necessaria per il rinnovamento che condurrà gradualmente alla totale realizzazione. Il 13 ha come Messaggero – UMABEL che dona un animo particolarmente sensibile ed empatico, dunque capace di sintonizzarsi con gli altri offrendo amicizia e ricevendone. L'angelo offre assoluta chiarezza di coscienza per come agire nel modo più funzionale rispetto alla situazioni in atto.

Quindi il 13 indica la fine di un ciclo ed un conseguente rinnovamento, una liberazione. Per cui è meglio operare un cambiamento radicale: una fase forse dolorosa e difficile, ma indispensabile.

Giunti a questo punto vi sarete resi conto della ricchezza di informazioni raccolte nella Tabella dei Numeri abbinati al Giorno, uno scrigno al cui interno scoprirete un vero tesoro: il *simbolo* specifico, il *genere* (maschile o femminile), l'*elemento alchemico* (Aria,

Terra, Fuoco, Acqua), il *Messaggero* (angelo custode), il *colore* (linguaggio simbolico avente una carica energetica e una vibrazione proprie), il *segno zodiacale* (contribuito all'arricchimento dell'interpretazione), al *Pianeta* (l'astro che influenza la Terra con il proprio movimento) e la *lamina dei Tarocchi*.

Elementi, questi, complementari allo studio delle Tavole Esegetiche del Gioco, che vi permetteranno di essere molto più precisi nei responsi.

Avendo preso come riferimento l'alfabeto composto di 26 lettere dovete considerare che esse sono inferiori ai giorni di un mese, pertanto i numeri dopo il 26 saranno composti da due lettere.

Ad esempio il **27** è contraddistinto dalle lettere **T**H che compaiono in più alfabeti (greco come θ theta - arabo come ث tha -).

Il **28** equivale a **KH** (fa parte dell'alfabeto ebraico rappresentato dal segno ךּ) כּ) *Khaf* - in quello arabo con خ *khà')*.

Il **29** corrisponde a **DH** (è una lettera greca δ *delt*a, e anche araba ذ d̲*al*).

Il **30** è rappresentato da **GH** (è *ghimel* per gli Ebrei, γ *gamma* per i Greci, غ *gayn* per gli Arabi).

Infine il **31** si ricollega a **SH:** (shin per gli Ebrei, ش šin per gli Arabi).

Vi starete chiedendo perché mi rifaccio agli alfabeti greco, ebraico ed arabo? Trovo sia stimolante arricchire d'informazioni e di nuovi elementi le vostre future interpretazioni. Di fatto gli Ebrei, gli Arabi e i Greci trattarono la sacralità del numero tramandando spunti di grande interesse che hanno poi generato nuove tecniche esegetiche, composte dal sincretismo di queste antiche tradizioni. La scienza delle lettere era molto sviluppata nell'Islam e, allo stesso modo, nella Cabala ebraica. In entrambi i casi quest'arcana conoscenza era fondata su un profondo valore simbolico avvolto nel mistero.

Piccola introduzione ai paragrafi n. 5,6,7 e 8

Nei prossimi paragrafi andrò ad analizzare il significato interpretativo dei numeri legato alle lettere secondo l'apposita tabella e con precisi riferimenti a quella alfanumerica.

Quindi affronterò il simbolismo dei colori e la loro relazione con i pianeti.

Dopodiché dedicherò un ampio spazio ai Messaggeri, ovvero gli angeli protettori derivati dalla tradizione cabalistica. Infine svilupperò lo studio dei giorni corredati del collegamento con i segni zodiacali e le lamine dei Tarocchi.

Tutte queste combinazioni esoteriche concorreranno a creare la chiave interpretativa completa della Tabella dei Numeri abbinati ai Giorni, preliminare alla costruzione del GIOCO FINALE.

Paragrafo 5

Tabella dei numeri abbinati alle lettere

A: prima lettera - valore numerico **1**

- α Alpha per i Greci - א alef per gli Ebrei - ا ‘alif per gli Arabi -

Nell’interpretazione del testo la colleghiamo alla **conoscenza,** all’**arte** ed alla **scienza.**

B: seconda lettera - valore numerico **2**

β *bita* per i Greci - ב *bet* per gli Ebrei - ب *bā›* per gli Arabi

Nell’interpretazione del testo la colleghiamo alla **famiglia,** alle **unioni** ed alla **pace**.

C: terza lettera – valore numerico **3**

manca nel greco e negli idiomi orientali.

Nell’interpretazione del testo la colleghiamo alle **avversità** e vi indicherà la via più giusta da percorrere.

D: quarta lettera - valore numerico **4**

δ delta per i Greci, ד *dalet* per gli Ebrei *e* □ *dāl* per gli Arabi.

Nell’interpretazione del testo la colleghiamo alla **volontà** ed alla **responsabilità**.

E: quinta lettera - valore numerico **5**

ε epsilon ed *η eta* per i Greci. Mancano nell'alfabeto ebraico ed in quello arabo.

Nell'interpretazione del testo la colleghiamo alla **vocazione** ed all'**insegnamento**.

F: sesta lettera – valore numerico **6**

φ phi per i Greci. *ף) פFe* per gli Ebrei, □ *fā* per gli Arabi.

Nell'interpretazione del testo la colleghiamo alla **ricerca medica** e agli **anziani**.

G: settima lettera – valore numerico **7**

Γ *Gamma* per i Greci. ג *ghimel* per gli Ebrei, *gim* ج per gli Arabi.

Nell'interpretazione del testo la colleghiamo alla Legge dell'**Ordine** e dell'**Armonia**.

H: ottava lettera – valore numerico **8**

χ Chi per i Greci, ה He per gli Ebrei, ہ hā› per gli Arabi.

Nell›interpretazione del testo la colleghiamo alla **bellezza** ed all'**arte.**

I: nona lettera – valore numerico **9**

I *Iota* per i greci, י *Yod* per gli Ebrei, *yā'* per gli arabi.

Nell'interpretazione del testo la colleghiamo all'**integrità** ed alla **saggezza**.

J: decima lettera – valore numerico **10**

non appartiene al nostro alfabeto.

Manca nell'alfabeto arabo, ebraico e greco.

Nell'interpretazione del testo la colleghiamo al **coraggio,** alla **generosità**.

K: undicesima lettera – valore numerico **11**

Non non appartiene al nostro alfabeto.

κ *Kappa* per i Greci, χ *Kaf* per gli Ebrei, ك *Kaf* per gli Arabi.

Nell'interpretazione del testo la colleghiamo all'**idealismo** ed alla **spiritualità**.

Nell'interpretazione del testo la colleghiamo ai **sogni** ed alla **rinascita.**

L: dodicesima lettera – valore numerico **12**

Λ Lambda per i Greci, ל *Lamed* per gli Ebrei,□ *lām* per gli Arabi.

Nell'interpretazione del testo la colleghiamo ai **sogni e alla rinascita.**

M: tredicesima lettera – valore numerale **13**

µ *mu* per i Greci, ם) מ) *mem* per gli Ebrei, م *mi* (m) per gli Arabi.

Nell'interpretazione del testo la colleghiamo alla **semplicità** ed all'**integrità**.

N: quattordicesima lettera – valore numerico **14**

ν *nu* o *ni* per i Greci, ן) נ) *nun* per gli Ebrei, ن *nūn* per gli Arabi.

Nell'interpretazione del testo la colleghiamo alla **dolcezza** ed alla **mitezza**.

O: quindicesima lettera – valore numerico **15**

ω *Omega* per i Greci, per Ebrei e Arabi non è contemplata.

Nell'interpretazione del testo la colleghiamo alla **pazienza** ed allo **studio**.

P: sedicesima lettera – valore numerico **16**

π *Pi* per i Greci, פ *Pe* per gli Ebrei, mancante per gli Arabi.

Nell'interpretazione del testo la colleghiamo alla **saggezza**, alla **conoscenza** ed alla **forza**.

Q: diciassettesima lettera – valore numerico **17**

ק *Qof* per gli Ebrei, manca per i Greci, ق *qāf* per gli Arabi.

Nell'interpretazione del testo la colleghiamo all'**originalità** ed alla **potenza**.

R: diciottesima lettera – valore numerico **18**

ρ *rho* per i Greci, ר *resh* per gli Ebrei, ر *rā›* per gli Arabi

Nell'interpretazione del testo la colleghiamo alla **tolleranza** ed ai **viaggi**.

S: diciannovesima lettera – valore numerico **19**

Nell'interpretazione del testo la colleghiamo all'**abbondanza** ed alla **ricchezza**.

T: ventesima lettera – valore numerico **20**

τ tau per i Greci, ט thet per gli Ebrei, ت tā› per gli Arabi

Nell›interpretazione del testo la colleghiamo alla **crescita** ed al **rinnovamento**.

U: ventunesima lettera – valore numerico **21**

و *u* (uguale a wāw) per gli Arabi, ו *waw* come consonante (U quando è una vocale), mancante per i Greci.

Nell'interpretazione del testo la colleghiamo all'**integrità** ed all'**innocenza**.

V: ventiduesima lettera – valore numerico **22**

ו *vav* per gli Ebrei, mancante per i Greci e gli Arabi.

Nell'interpretazione del testo la colleghiamo alla **vivida intelligenza** ed alla **libertà**.

W: ventitreesima lettera – valore numerico **23**

per gli Ebrei e i Greci manca, و *wāw* per gli Arabi.

Nell'interpretazione del testo la colleghiamo agli stati: **emotivo**, **mentale** e **fisico**, ad una **novità**.

X: ventiquattresima lettera – valore numerico **24**

manca per gli Ebrei e per gli Arabi, ξ *xi* per i Greci.

Nell'interpretazione del testo la colleghiamo all'**amore** per le novità e per le nuove conoscenze.

Y: venticinquesima - valore numerico **25**

υ *upsilon* per i Greci, ע *'Àin* per gli Ebrei, ي *yā›* per gli Arabi.

Nell’interpretazione del testo la colleghiamo all’**individualità** ed alla **ricerca**.

Z: ventiseiesima lettera – valore numerico **26**

ζ zeta per i Greci, ז Zàin per gli Ebrei, ز zāī per gli Arabi.

Nell›interpretazione del testo la colleghiamo all›**incognito** ed alla **slealtà**.

TH: ventisettesima lettera – valore numerico **27**

θ *theta* per i Greci, manca per gli ebrei, ث *tha* per gli Arabi.

Nell’interpretazione del testo la colleghiamo all’**empietà** ed alla **malvagità**.

KH: ventottesima lettera – valore numerico **28**

ך) כ) *Khaf* per gli Ebrei, manca per i Greci, خ *khà*’ per gli Arabi.

Nell’interpretazione del testo la colleghiamo alla **longevità**.

DH: ventinovesima – valore numerico **29**

δ *delta* per i Greci, manca per gli Ebrei, ذ d̲*al* per gli Arabi.

Nell’interpretazione del testo la colleghiamo all’**intuizione**.

GH: trentesima lettera – valore numerico **30**

γ *gamma* per i Greci, ג *ghimel* per gli Ebrei, غ *gayn* per gli Arabi.

Nell'interpretazione del testo la colleghiamo alla **lussuria**, al **piacere** di possedere ricchezze.

SH: trentunesima lettera – valore numerico **31**

ש shin per gli Ebrei, manca per i Greci, ش šin per gli Arabi.

Nell›interpretazione del testo la colleghiamo alla **competitività** ed alla **forza fisica**.

Paragrafo 6

Numeri e colori

I colori hanno mantenuto nei secoli il loro valore tradizionale, simbolico e i diversi significati e funzioni ad essi attribuiti in medicina, in magia e nell'analisi delle emozioni.

È risaputo che il colore emani una vibrazione in grado d'influenzare i centri e i gangli d'energia presenti nel corpo umano. Sono state le medicine cinese, tibetana ed egizia a scoprirne le funzioni e ad applicarle nelle tecniche di guarigione (ai giorni nostri questa pratica viene chiamata cromoterapia). Inoltre i colori sono in grado di modificare profondamente le emozioni e le percezioni sensoriali. Attraverso i sensi i colori penetrano la mente stimolando reazioni dissimili da soggetto a soggetto: una diversità dovuta, naturalmente, al tipo di cultura e di società d'appartenenza. I colori e le loro affinità con le differenti peculiarità caratteriali possono svelare aspetti sconosciuti della personalità.

Avrete potuto notare che vi sono giorni in cui prediligete colori specifici, ciò accadde perché, in quel momento, avete un particolare stato d'animo. Allo stesso modo il vostro temperamento può essere sottolineato da un colore.

Grazie a queste motivazioni e basandomi sulla simbologia tradizionale ho stilato la tabella che di certo vi sarà utile nelle future interpretazioni.

Tabella dei numeri abbinati ai colori

ROSSO

Simbolo Forza, combattività, aggressività.

Pianeta Marte, dio della guerra.

Segno zodiacale Ariete

Valore numerico 1 – 14 – 21 - 27

Personalità Siete ottimisti, decisi ma impulsivi. Cercate il prestigio e avete tendenza a dominare gli altri.

ROSA

Simbolo Timidezza e l'amabilità.

Pianeta Tutti

Segno zodiacale Può essere abbinato a tutti i segni.

Valore numerico 12 – 20 - 29

Personalità Donate voi stessi con abnegazione, siete capaci di amori passionali. Vi piacciono le persone che esprimono tenerezza.

AZZURRO

Simbolo Difficoltà ed inquietudine.

Pianeta Urano

Segno zodiacale Acquario

Valore numerico 7 – 19 - 31

Personalità Avete pienamente fiducia nelle vostre capacità; siete capaci di stringere legami molto profondi con le persone che amate.

BLU

Simbolo Desiderio di riposo e riflessione.

Pianeta Giove

Segno zodiacale Sagittario

Valore numerico 13 – 18

Personalità Avete un carattere gentile, dolce e romantico. Apprezzate la sincerità e l'onestà. Inoltre siete attratti dal mistero. Suscitate fiducia.

VERDE

Simbolo Speranza, perseveranza ed equilibrio.

Pianeta Venere

Segno zodiacale Toro

Valore numerico 8 – 10

Personalità Siete calmi e amate la stabilità. Desiderate sicurezza e continuità. Sul lavoro cercate l'affermazione personale e quando vi prefissate un obiettivo lo seguite con determinazione.

GIALLO

Simbolo Intuizione, movimento e coscienza di sé.

Pianeta Venere

Segno zodiacale Bilancia

Valore numerico 17 - 22

Personalità Avete un carattere aperto e cercate esperienze nuove. Necessitate di una vita intensa, ma anche di liberarvi dagli schemi.

ARANCIONE

Simbolo Armonia interiore e creatività artistica.

Pianeta Sole

Segno zodiacale Leone

Valore numerico 4 - 30

Personalità Siete ottimisti e consapevoli delle vostre capacità. Amate con gioia e passione. Apprezzate la vita, avete ottimi rapporti con gli altri.

INDACO - VIOLA

Simbolo Spiritualità e risveglio interiore.

Pianeta Nettuno

Segno zodiacale Pesci

Valore numerico 2 – 5 – 25 – 28

Personalità Siete molto disponibili, possedete una grande umanità. Avete cura del vostro aspetto, siete raffinati cultori della bellezza e dell'arte.

MARRONE

Simbolo Semplicità e introversione.

Pianeta Saturno

Segno zodiacale Capricorno

Valore numerico 6

Personalità Desiderate la tranquillità tra le mura domestiche. Avete un carattere semplice con una grande forza d'animo e siete legati alle tradizioni.

GRIGIO

Simbolo Distacco e mancanza di vitalità.

Pianeta Mercurio

Segno zodiacale Vergine

Valore numerico 3 - 23

Personalità Siete introversi e solitari, non amate la confusione, sembra quasi che abbiate paura d'affrontare la vita sociale.

NERO

Simbolo Malinconia e depressione.

Pianeta Saturno

Segno zodiacale Capricorno

Valore numerico 30

Personalità Pensate che il futuro non vi possa riservare buone opportunità e vi convincete che la responsabilità di tale pensiero sia della società e del mondo in cui vivete.

BIANCO

Simbolo Speranza per il futuro e fiducia nel prossimo

Pianeta Luna

Segno zodiacale Cancro

Valore numerico 16

Personalità Coloro che amano il bianco hanno il continuo desiderio di cambiamento e si lasciano stimolare dalle novità.

Paragrafo 7

Chi sono i Messaggeri?

Il Messaggero può essere definito l'*angelo custode*. C'è sempre stata in tutti i tempi la tendenza di accomunare questi spiriti puri agli astri, ai Pianeti o alle Costellazioni.

Dalla traduzione del termine ebraico *mal'ak* nasce la parola *angelo interprete*. Ed è proprio la tradizione esoterica giudaica, tramite la Cabala, che fornisce un folto elenco di nomi di Messaggeri per ogni giorno dell'anno. Ogni angelo è domiciliato in un segno zodiacale e riveste precise funzioni esegetico-protettive: ruoli fondamentali che danno modo di permettervi un arricchimento dei responsi.

Ho consultato tanti testi e autori della tradizione cabalistica per avere una percezione più reale degli innumerevoli concetti esposti. Definire chi sono veramente i Messaggeri non è cosa facile, ma è interessante collocarli come trait-d'union tra la filosofia esoterica e le diverse culture religiose. Infatti sono stati e sono ancora oggetto di numerose ricerche. Sia dalla Bibbia che da altre fonti storiche i Messaggeri risultano essere i custodi del bene per l'umanità.

Le prime figure angeliche si riscontrano nella religione Assiro-Babilonese, dove ogni divinità aveva i suoi difensori (figure alate che scendevano dal cielo sulla Terra).

Ma la domanda sorge spontanea: come contattarli?

A mio parere il mezzo più pratico è predisporsi ad uno stato d'animo sereno ed equilibrato, ottenuto con il rilassamento e la meditazione. Tale atteggiamento vi metterà in contatto con la vostra sfera interiore, tramite la quale l'angelo vi risponderà dopo avervi ascoltato attentamente.

Paragrafo 8

Tabella dei numeri abbinati al giorno

UNO

Simbolo: i giorno 1 rappresenta l'evoluzione e l'accrescimento della conoscenza. Inoltre indica la forza del combattente, anche se a volte si trasforma in aggressività.

Lettera:	A
Genere:	Maschile
Elemento:	Fuoco
Colore:	Rosso
Pianeta:	Marte
Segno zodiacale:	Ariete

Lamina dei tarocchi - IL MAGO

Indica l'inizio, l'abilità e la destrezza. Suggerisce l'iniziativa, la creatività, l'originalità e l'ispirazione.

Messaggero - KAMAEL

Egli aiuta ad ampliare la conoscenza, domina le arti e la scienza. Aiuta a raggiungere il successo e facilita la lotta per il superamento degli ostacoli.

Interpretazione

Nel giorno Uno dovete fare prevalere la forza, la determinazione, l'ambizione. Avete tendenza ad isolarvi. Come afferma la vostra carta dei tarocchi: prendete l'iniziativa ed osate.

DUE

Simbolo: il giorno 2 esprime il principio femminile, indica fecondità e profondità. Simboleggia anche l'opposizione, il conflitto, la riflessione e la dualità su cui si basa ogni evento.

Lettera:	B
Genere:	Femminile
Elemento:	Acqua
Colore:	Indaco
Pianeta:	Luna
Segno zodiacale:	Cancro

Lamina dei Tarocchi - LA PAPESSA

Suggerisce l'intuizione, la meditazione, il silenzio. Rappresenta l'equilibrio, il buonsenso, la modestia, il tatto, la prudenza e l'abilità.

Messaggero - GABRIEL

Protegge la famiglia ed aiuta a mantenere la pace nelle unioni. È il custode della maternità e della creatività. Inoltre rappresenta da un lato associazioni e interazioni con gli altri e, dall'altro, polarità differenti e contrapposizione.

Interpretazione

È un giorno in cui potreste avere un'idea geniale che porterà un radicale cambiamento di vita. Dovete cooperare con i colleghi di lavoro per ottenere risultati soddisfacenti nel lavoro. Anche se non sarete in prima posizione non fatevi frustrare dalla delusione e dall'insoddisfazione.

TRE

Simbolo: il giorno 3 simboleggia l'intelligenza creatrice. Rappresenta l'unione di tre elementi che diventano una forza motrice.

Lettera:	C
Genere:	Maschile
Elemento:	Terra
Colore:	Grigio
Pianeta:	Mercurio
Segno zodiacale:	Vergine

Lamina dei Tarocchi - L'IMPERATRICE

Suggerisce la saggezza, il discernimento, il fascino, l'eleganza e l'idealità.

Messaggero - RAFAEL

Protegge dalle avversità e predilige chi ama la verità. È custode dell'intelligenza.

Interpretazione

Avendo capacità, forza e volontà crescerete ed arricchirete le vostre conoscenze culturali. I vostri talenti naturali avranno il giusto riconoscimento. Amate ed affrontate la vita in società con la simpatia e la disponibilità ad interessarvi degli altri. Avete fascino, eleganza ed idealità.

QUATTRO

Simbolo: il giorno 4 simboleggia la materia, la praticità, la razionalità. Accettazione delle idee diverse dalle vostre. Repulsione delle novità.

Lettera:	D
Genere:	Femminile
Elemento:	Fuoco
Colore:	Arancione
Pianeta:	Sole
Segno zodiacale:	Leone

Lamina dei Tarocchi - L'IMPERATORE

Suggerisce di avere fermezza, grande volontà e ideali positivi. La sobrietà, la fedeltà e l'onestà premieranno gli sforzi.

Messaggero - NITHAIAH

Offre forza e decisione per realizzare i propositi, sostiene la volontà e dona protezione.

Interpretazione

Le vostre metodicità, capacità organizzativa e sensibilità saranno presto premiate. Se la vostra praticità viene messa in discussione cercate di non entrate in conflitto con voi stessi.

CINQUE

Simbolo: il giorno 5 simboleggia l'equilibrio nel movimento e rappresenta gli attributi umani: forma, percezione, coscienza, azione e conoscenza.

Lettera:	E
Genere:	Maschile
Elemento:	Acqua
Colore:	Indaco
Pianeta:	Nettuno
Segno zodiacale:	Pesci

Lamina dei Tarocchi - IL PAPA

Suggerisce di: essere indulgenti, lasciarsi guidare dalle percezioni e dalle vostre conoscenze e agire solo in sicurezza.

Messaggero - METATRON

Attraverso l'intelletto e i sentimenti l'energia del Messaggero svelerà il mezzo necessario per raggiungere l'obiettivo.

Interpretazione

Siete dediti all'insegnamento. Avete un'ottima capacità intellettuale. Vi aprite a nuove idee ed esperienze. Avete l'abilità di pensare in modo critico, ma eccedete nell'analisi dei problemi a volte li sopravvalutate. Siete amanti delle avventure e delle novità, ma vivete con irrequietezza ed eccessiva impulsività.

SEI

Simbolo: il giorno 6 simboleggia l'energia creativa, l'unione e la congiunzione degli opposti. Rappresenta la speranza. Facilita le esperienze.

Lettera:	F
Genere:	Femminile
Colore:	Marrone
Elemento:	Terra
Pianeta:	Saturno
Segno zodiacale:	Capricorno

Lamina dei Tarocchi - L'INNAMORATO

Evidenzia le capacità di scegliere anche sentimentalmente e di affrontare prove di diversa natura, oltre che a sottolineare la nobiltà dei sentimenti.

Messaggero - BINAEL

Vigila sulla salute. Indica la direzione verso la quale è meglio procedere, ma esige ponderatezza.

Interpretazione

Esprimete amore ed interesse per ogni tipo di attività. Possedete intelligenza, saggezza, tatto, bellezza e armonia. Dialogate con tutti. Il vostro difetto è la gelosia, forse perché siete infedeli?

SETTE

Simbolo: il giorno 7 simboleggia l'uguaglianza e l'unione tra spirito e materia. Rappresenta il compimento ciclico e il rinnovamento.

Lettera: G

Genere: Maschile

Colore: Azzurro

Elemento: Aria

Pianeta: Urano

Segno zodiacale: Acquario

Lamina dei Tarocchi - il CARRO

Significa diplomazia, instabilità caratteriale, merito riconosciuto, religiosità, senso estatico.

Messaggero - RAZIEL

Governa la Legge dell'Ordine e dell'Armonia. Guida accordando pazienza e temperanza ed esorta ad utilizzare l'intuito.

Interpretazione

Avete la capacità di valutare le cose con successo. Siete estroversi e rivoluzionari, ma peccate d'eccessiva astrazione dalla realtà. Avete carisma.

OTTO

Simbolo: il giorno 8 simboleggia l'incorruttibilità e la conservazione delle cose.

Lettera:	H
Genere:	Femminile
Colore:	Verde
Elemento:	Aria
Pianeta:	Venere
Segno zodiacale:	Bilancia

Lamina dei Tarocchi - la GIUSTIZIA

Invita alla riflessione, all'imparzialità per fare il punto di una situazione. Avverte di eventuali ostacoli.

Messaggero - HANIEL

L'angelo Haniel sostiene e protegge l'amore e le coppie. Aiuterà a sviluppare la tenerezza e il rispetto del partner.

Interpretazione

Se ricercate il denaro e il successo materiale rischiate di perdere di vista l'amore. Considerando l'eccessiva importanza che date alla reputazione e alla posizione sociale, dovrete agire con circospezione.

NOVE

Simbolo: il giorno 9 simboleggia l'autorità, la prudenza e la verità.

Lettera:	I
Genere:	Maschile
Elemento:	Fuoco
Colore:	Viola
Pianeta:	Giove
Segno zodiacale:	Sagittario

Lamina dei Tarocchi - L'EREMITA

Rappresenta la prudenza, la restrizione, la riservatezza e la meditazione.

Messaggero - HESEDIEL

Concede condizioni di benessere nella vita quotidiana. Grazie a lui i desideri possono trovare compimento: sono favoriti il successo, la realizzazione dei progetti, il coronamento delle ambizioni.

Interpretazione

Probabilmente la vostra situazione esistenziale non è entusiasmante. Avete tendenza all'isolamento, vi sentite pertanto stanchi e demotivati. Ma siate certi che vi chiarirete le idee risolvendo i problemi.

DIECI

Simbolo: il giorno 10 simboleggia il giusto equilibrio. La morte e la rinascita.

Lettera:	J
Genere:	Femminile
Elemento:	Terra
Colore:	Verde
Pianeta:	Venere
Segno zodiacale:	Toro

Lamina dei Tarocchi - LA RUOTA DELLA FORTUNA

Rappresenta l'alternativa della sorte ed termine di un ciclo.

Messaggero - CAHETEL

Favorisce l'equilibrio dei rapporti famigliari e domestici. Inoltre è colui che permette di scoprire i veri sentimenti.

Interpretazione

Siete testardi e possessivi, ma le vostre grandi virtù sono la pazienza e la concentrazione. Spesso scivolate nella pigrizia che rallenta le vostre azioni e talvolta le tronca ancora prima del nascere.

UNDICI

Simbolo: il giorno 11 simboleggia la trasformazione.

Lettera:	K
Genere:	Maschile
Elemento:	Acqua
Colore:	Rosso
Pianeta:	Plutone
Segno zodiacale:	Scorpione

Lamina dei Tarocchi - LA FORZA

Suggerisce che è meglio superare le difficoltà grazie alla classe e alla determinazione. Dal punto di vista affettivo rimanda alla passione e alla tenacia nei sentimenti.

Messaggero - VEULIAH

Libera dalle contrarietà e dalla schiavitù. Porta fortuna nel lavoro e nelle iniziative private.

Interpretazione

Siate forti per affrontare con energia le sfide che vi si parano innanzi. Continuate ad agire correttamente anche se talvolta vi è difficile farlo. Dominate la paura e l'aggressività. Non dovete mettere in dubbio la fedeltà e la sincerità del partner. Dal punto di vista professionale i vostri desideri saranno esauditi e il successo assicurato.

DODICI

Simbolo: il giorno 12 ha un duplice simbolismo: il sacrificio e l'armonia interiore.

Lettera:	L
Genere:	Femminile
Elemento:	Aria
Colore:	Rosa
Pianeta:	Venere
Segno zodiacale:	Bilancia

Lamina dei Tarocchi - L'APPESO

Invita ad adattarsi alla situazione, ad essere flessibili e allo stesso tempo ricettivi.

Messaggero - HAAMIAH

Concede pace, amore, arte e spiritualità.

Interpretazione

La situazione è destinata a capovolgersi ed a subire una svolta decisiva che in un primo tempo sembrerà negativa, ma in seguito determinerà un arricchimento. Pertanto non insistete con un atteggiamento duro. Ricercate l'armonia per voi e per gli altri.

TREDICI

Simbolo: il giorno 13 simboleggia il cambiamento radicale, ma indica anche la speranza.

Lettera:	M
Genere:	Maschile
Elemento:	Aria
Colore:	Blu
Pianeta:	Saturno
Segno zodiacale:	Acquario

Lamina dei Tarocchi - LA MORTE

Invita a fare piazza pulita del passato: una rivoluzione necessaria per il rinnovamento che condurrà gradualmente alla totale realizzazione.

Messaggero – UMABEL

Dona un animo particolarmente sensibile ed empatico, dunque capace di sintonizzarsi con gli altri offrendo amicizia e ricevendone. L'angelo offre assoluta chiarezza di coscienza per come agire nel modo più funzionale alla varie situazioni in atto.

Interpretazione

Il 13 segna per voi la fine di un ciclo e quindi un rinnovamento e una liberazione; opererete un radicale cambiamento. Il passaggio potrebbe essere doloroso, difficile e potrebbero subentrare malinconia e turbamenti: è comunque indispensabile per la vostra evoluzione.

QUATTORDICI

Simbolo: il giorno 14 simboleggia la rigenerazione e l'innovazione.

Lettera: N

Genere: Femminile

Elementi: Acqua

Colore: Rosso carminio

Pianeta: Marte

Segno zodiacale: Scorpione

Lamina dei Tarocchi - la Temperanza

Invita alla moderazione e all'autodisciplina. Esorta ad essere sereni e socievoli.

Messaggero – YELAHIAH

Dona coraggio per superare le avversità e la capacità di guidare gli altri. Insegna ad imporre la volontà senza ricorrere alla prevaricazione. Protegge dalle ingiustizie e assiste durante i viaggi.

Interpretazione

State creando una nuova iniziativa proiettata verso il futuro, ma è d'uopo agire con equilibrio e ragionevolezza. Dal punto di vista affettivo con il partner vi è armonia e stabilità; le amicizie sono durature. Professionalmente avete portato felicemente a termine un progetto. Talvolta le situazioni, per quanto serene ed appaganti, rivelano staticità.

QUINDICI

Simbolo: il giorno 15 simboleggia la dissolutezza, la passione sfrenata e la schiavitù della materia.

Lettera:	O
Genere:	Maschile
Elemento:	Fuoco
Colore:	Nero
Pianeta:	Giove
Segno zodiacale:	Sagittario

Lamina dei Tarocchi - IL DIAVOLO

Invita ad esaminare tutto ciò che può dare dipendenza. I vizi costituiscono una vera prigione!

Messaggero - MITZRAEL

Dona un carattere allegro e socievole: la capacità di consigliare, di confortare e di difendere i deboli.

Interpretazione

Dovete essere in grado di dominarvi meglio e guardarvi dalla smania di eccedere; così facendo di notte potrete dormire meglio, salvaguardando la vostra salute. Combattete la pigrizia.

SEDICI

Simbolo: il giorno 16 simboleggia presunzione, inganno, egoismo ed equilibrio spezzato.

Lettera:	P
Genere:	Femminile
Elemento	Terra
Colore	Bianco
Pianeta:	Saturno
Segno zodiacale:	Capricorno

Lamina dei Tarocchi - LA TORRE

Suggerisce una rigenerazione con energie nuove, di prendere contatto con la realtà e di uscire dalle situazioni critiche. Accettare il cambiamento.

Messaggero - MEBAHIAH

Dona la capacità di esprimersi in maniera diretta, andando al nocciolo delle questioni e procedendo in maniera schematica quando le circostanze lo richiedono.

Interpretazione

Siete dotati di grandi qualità mentali pertanto rimandate la voglia di misurarvi con la realtà e ridimensionate, con buon senso, le vostre eccessive pretese.

DICIASSETTE

Simbolo: il giorno 17 simboleggia il controllo delle capacità intellettuali sulle forze affettive ed emotive.

Lettera:	Q
Genere:	Maschile
Elemento:	Terra
Colore:	Giallo
Pianeta:	Mercurio
Segno zodiacale:	Vergine

Lamina dei Tarocchi - LA STELLA

Suggerisce di dedicarsi alla cura del corpo e dell'anima. Purificare e vivere con semplicità.

Messaggero - LECABEL

Dona intelligenza vivace, perspicacia e talento. Permette di esprimere l'interesse per la scienza. Spinge ad agire in armonia con la natura ed all'adattamento alle situazioni più diverse.

Interpretazione

Rilassatevi, tutto sta procedendo bene. Lasciate andare le paure e le preoccupazioni. Se dovete decidere qualcosa evitate di scegliere un percorso che vi mette ansia. Puntate a realizzare il vostro ideale, non vi accontentate! Supererete tutte le difficoltà.

DICIOTTO

Simbolo: il giorno 18 simboleggia le pene d'amore, il sogno, la magia e l'illusione.

Lettera:	R
Genere:	Femminile
Elemento:	Aria
Colore:	Blu
Pianeta:	Urano
Segno zodiacale:	Acquario

Lamina dei Tarocchi - LA LUNA

Luce riflessa, poca chiarezza, illusione sono gli aspetti negativi di questa carta. Al contrario esprime anche immaginazione e intuito.

Messaggero – MANAKEL

Dona la serietà, la modestia, permette di guadagnare la fiducia e la stima degli altri. Consente di rendersi utili e di dimostrare i talenti in ambito professionale. Aiuta ad amministrare saggiamente anche dal punto di vista economico e di stabilire un buon rapporto con i familiari.

Interpretazioni

Incontri strani e ricerche lunghe e difficili. Siete dotati di grande magnetismo, con ottime capacità mentali. Avete buone possibilità dialettiche. Nel lavoro avrete una promozione. Eliminate le cattive abitudini.

DICIANNOVE

Simbolo: il giorno 19 simboleggia la perfezione, la chiarezza e la ricerca della felicità.

Lettera:	S
Genere:	Maschile
Elemento:	Acqua
Colore:	Giallo
Pianeta:	Giove
Segno zodiacale:	Pesci

Lamina dei Tarocchi - IL SOLE

Rappresenta il centro della galassia, la luce imperitura: è simbolo d'intelligenza e discernimento.

Messaggero - JABAMIAH

Permette la riuscita in ogni settore di attività. Dona la capacità di sviluppare le doti di comunicazione. Protegge dal rischio di ferite e assicura una rapida guarigione nel caso di una malattia.

Interpretazioni

Se agite sinceramente ed apertamente raggiungerete il vostro obiettivo, non dovete peccare di arroganza e di superbia. Nessun ostacolo si frapporrà lungo la strada intrapresa.

VENTI

Simbolo: il giorno 20 simboleggia la comprensione, il risveglio e l'ispirazione.

Lettera:	T
Genere:	Femminile
Elemento:	Aria
Colore:	Rosa
Pianeta:	Venere
Segno zodiacale:	Bilancia

Lamina dei Tarocchi - IL GIUDIZIO

Indica la presenza di equilibrio e serenità, entrambi ottimi strumenti per intraprendere ogni iniziativa.

Messaggero – MIKAEL

Apre ogni possibilità. Fa ottenere incarichi importanti e di prestigio. Tutto andrà per il meglio.

Interpretazioni

Abbandonate le vecchie abitudini, recuperate le energie fisiche. Avete grandi capacità di cogliere i momenti giusti e riconoscere gli errori commessi. Non rischiate di dare giudizi affrettati.

VENTUNO

Simbolo: il giorno 21 simboleggia entusiasmo, energia intensa e rigenerazione.

Lettera:	U
Genere:	Maschile
Elemento:	Fuoco
Colore:	Rosso
Pianeta:	Giove
Segno zodiacale:	Ariete

Lamina dei Tarocchi - IL MONDO

Significa compimento e realizzazione totale. Inoltre rappresenta la completezza femminile e la fecondità.

Messaggero – SITAEL

Dona l'entusiasmo e la fiducia nell'avvenire quali portatori di nuove idee. La sua influenza offre grande altruismo, generosità e l'amore per la verità in tutte le sue forme.

Interpretazione

Avete la possibilità di diventare promotori di iniziative sia in ambito imprenditoriale che organizzativo. Siete potenzialmente dotati di grande idealismo e di senso pratico. Avete un carattere concreto.

VENTIDUE

Simbolo: il giorno 22 simboleggia il lavoro, la serietà, il coraggio e l'azione.

Lettera:	V
Genere:	Femminile
Elemento:	Fuoco
Colore:	Giallo
Pianeta:	Sole
segno zodiacale:	Leone

Lamina dei tarocchi – ARCANO MINORE RE

Indica la riconciliazione con avversari di vecchia data.

Messaggero - ELEMIAH

Rende audaci e favorisce i viaggi utili ed appassionanti, particolarmente via mare. Favorisce la sana competizione in tutte le sue forme.

Interpretazione

Ristabilite i ritmi normali di vita ed evitate gli eccessi per porre termine ad un periodo difficile: iniziate un nuovo corso più felice. Avete idee e proposte da mettere in campo. Fatelo!

VENTITRÉ

Simbolo: il giorno 23 simboleggia l'indipendenza, la sicurezza di sé e senso pratico.

Lettera:	W
Genere:	Maschile
Elemento:	Terra
Colore:	Grigio argento
Pianeta:	Luna
Segno zodiacale:	Toro

Lamina dei Tarocchi - ARCANO MINORE REGINA

La carta suggerisce di vivere un po' di più la vita all'aria aperta ed in movimento. Probabili aiuti inaspettati, supporto tangibile dall'esterno.

Messaggero – HAHAIAH

Egli indirizza verso situazioni ed opportunità che possono rendere felici. Concede la capacità di risolvere problematiche complicate e, soprattutto, di evitarle sapientemente. Stimola ad essere individui cortesi e disponibili.

Interpretazione

Istinto e intelligenza portano all'indipendenza. Siete padroni di voi stessi e non vi lasciate dominare e intimorire da nessuno. Vi sentite di avere il compito di lottare per la chiarezza, la verità e la luce. Ma non è raro che ne siate sconfortati e finiate per chiudervi in voi stessi. Siete una persona sensibile ed altruista.

VENTIQUATTRO

Simbolo: il giorno 24 simboleggia il desiderio di successo economico.

Lettera: X

Genere: Maschile

Elemento: Aria

Colore: Viola

Pianeta: Mercurio

Segno zodiacale: Gemelli

Lamina dei Tarocchi - ARCANO MINORE CAVALIERE

Suggerisce successo negli affari ricercando le giuste collaborazioni.

Messaggero - CALIEL

Dona un irreprimibile senso di giustizia, che si esprime con una gran voglia di sfidare le persone malvagie e false.

Interpretazione

Vi sentite molto speciali, il pregio è di non vantarvene: il vostro animo è fondamentalmente gentile, dolce, addirittura mite, non c'è nulla che vi dia tanto piacere quanto l'aiutare persone in difficoltà. La giustizia e l'equità avranno la priorità nella vostra vita.

VENTICINQUE

Simbolo: il giorno 25 simboleggia il perdono e l'ispirazione.

Lettera:	Y
Genere:	Maschile
Elemento:	Fuoco
Colore:	Viola
Pianeta:	Giove
Segno zodiacale:	Sagittario

Lamina dei Tarocchi - ARCANO MINORE FANTE

Indica l'irruenza giovanile, il colpo di testa ma positivo.

Messaggero - DANIEL

Dona saggezza e sensibilità. Aiuta a sciogliere i nodi del destino.

Interpretazione

Dovete crescere de imparare a dominare il vostro carattere che tende ad infiammarsi facilmente. Questo è, al tempo stesso, una dote ed un difetto. Inoltre il vostro potenziale può manifestarsi in ogni settore: sul lavoro siete portati al management. Incontrerete una persona più giovane di voi e positivamente impetuosa.

VENTISEI

Simbolo: il giorno 26 simboleggia il sogno, la grazia e la celebrità.

Lettera:	Z
Genere:	femminile
Elemento:	Acqua
Colore:	Azzurro
Pianeta:	Luna
Segno zodiacale:	Pesci

Lamina dei Tarocchi - ARCANO MINORE DIECI

Avverte di un momento di grande intensità nel lavoro, con conseguente pesante fardello di responsabilità.

Messaggero – MUMIAH

Dona l'amabilità, l'emotività e l'ispirazione.

Interpretazione

Non vi è modo di scappare dai vostri doveri, quindi è opportuno farvene una ragione. Accettate con serenità le vostre responsabilità: la strada della crescita passa attraverso il servizio. Anche se siete sognatori, non vi manca il senso della realtà.

VENTISETTE

Simbolo: il giorno 27 simboleggia la gioia di vivere, la capacità di seduzione, l'amore e la fedeltà.

Lettera:	TH
Genere:	maschile
Elemento:	Fuoco
Colore:	Rosso
Pianeta:	Marte
Segno zodiacale:	Ariete

Lamina dei tarocchi – ARCANO MINORE NOVE

Conferma che i successi raggiunti hanno solide basi e non c'è rischio che vengano messi in discussione.

Messaggero – JELIEL

Concede il potere di realizzare al meglio gli obiettivi. Inoltre ristabilisce la pace coniugale.

Interpretazione

Osservate ed ascoltate i vostri avversari, saranno loro a rivelarvi se siete presuntuosi, temerari o imprudenti. Essi sono il vostro specchio!

VENTOTTO

Simbolo: il giorno 28 simboleggia la conciliazione, la franchezza, la fedeltà alla parola data.

Lettera: KH

Genere: Femminile

Elemento: Aria

Colore: Indaco

Pianeta: Urano - Luna

Segno zodiacale: Gemelli

Lamina dei tarocchi – ARCANO MINORE OTTO

Avvisa che ci sono novità in arrivo (attraverso telefonate o email o incontri fortuiti). La comunicazione è particolarmente importante in questo periodo e deve essere tempestiva ed efficace.

Messaggero – HEKAMIAH

Dona la potenzialità di sviluppare le attitudini al comando. Suggerisce di essere pronti a cogliere al volo le occasioni che si presentano.

Interpretazione

La pressione, le circostanze opprimenti, sono elementi che non potrete evitare, ma sono preziosi proprio perché permetteranno di concentrarvi, di focalizzarvi e di diventare straordinariamente efficaci. Le tensioni possono essere esercitate dalla famiglia e dall'ambiente in cui vivete. Il vostro compito è trovare la giusta valvola di sfogo. Siete leali e volitivi.

VENTINOVE

Simbolo: il giorno 29 simboleggia la salute e la forza morale.

Lettera:	DH
Genere:	Maschile
Elemento:	Acqua
Colore:	Rosa e viola
Pianeta:	Plutone
segno astrologico:	Scorpione

Lamina dei tarocchi – ARCANO MINORE SETTE

Indica un momento in cui è necessario credere in sé stessi, nei sogni ed essere pronti a lottare per essi.

Messaggero – SEHALIAH

Infonde saggezza, coscienza del bene e rettitudine.

Interpretazione

Il consiglio è di sviluppare il vostro potenziale di versatilità e di rapido apprendimento. Avete una spiccata sensibilità per affrontare ogni forma di avversità.

TRENTA

Simbolo: il giorno 30 simboleggia l'abbondanza e l'irruenza.

Lettera:	GH
Genere:	Femminile
Elemento:	Terra
Colore:	Arancione e nero
Pianeta:	Venere
Segno zodiacale:	Toro

Lamina dei tarocchi – ARCANO MINORE SEI

Indica successo negli affari, nella salute e nello sport grazie all'impegno e al coraggio.

Messaggero – ALADHIA

Aiuta a liberarsi del passato e dalle difficoltà. Insegna, inoltre, ad incominciare da capo.

Interpretazione

Cercate un partner al quale dedicare il meglio di voi stessi. Sognate il grande amore come l'avvenimento più importante della vita. La realizzazione è commisurata ai diversi gradi della vostra dipendenza da altre persone.

TRENTUNO

Simbolo: il giorno 31 simboleggia la libertà e i privilegi.

Lettera:	SH
Genere:	Maschile
Elemento:	Acqua
Colore:	Azzurro
Pianeta:	Luna
Segno zodiacale:	Cancro

Lamina dei tarocchi – ARCANO MINORE CINQUE

Indica la lotta per il raggiungimento degli obiettivi. Gli ostacoli che rallentano derivano sostanzialmente dagli avversari.

Messaggero – NELCHAEL

Aiuta ad essere accolti positivamente in ogni struttura sociale, inclusa la possibilità di entrare a far parte di un ministero o di un'altra importante istituzione.

Interpretazione

Avete la capacità di riconoscere i vostri limiti ed agire di conseguenza.

CAPITOLO 9

CAPITOLO 9

Il gioco

Siamo giunti al dunque.

Prendete le sei carte allegate al libro ritagliandole dagli appositi cartoncini. Ogni carta riporta un numero dall'1 al 6.

Concentratevi.

La domanda va formulata con precisione e concretezza.

La prima operazione da eseguire è:

mescolate le sei carte. Estraetene due, il loro abbinamento formerà la Tavola Esegetica (essa comprende una prima parte descrittiva generale e sei approfondimenti).

Una volta avuta la combinazione numerica corrispondente alla Tavola riponete le due carte estratte nel mazzo.

Rimischiate ed estraete nuovamente, una alla volta, tutte le carte (mantenete l'ordine di sequenza dell'estrazione). Scopritele ed andate a consultare le 6 risposte di approfondimento della Tavola in questione.

Ogni numero darà il consiglio specifico alla vostra domanda:

il primo numero estratto si riferisce alla causa che ha provocato il problema.

Il secondo numero indica l'eventuale influenza negativa che proviene dall'esterno e che ha causato un danno.

Il terzo numero indica l'influenza positiva atta a sbloccare la situazione interessata.

Il quarto numero consiglia il comportamento da tenere per risolvere il problema.

Il quinto mostra la mèta alla quale approda la situazione.

Il sesto mostra le condizioni necessarie per realizzare ciò che si è richiesto.

Facciamo un esempio pratico.

Prima operazione:

la domanda ipotetica potrebbe essere: *qual'è la causa del fallimento del mio rapporto con Mr. XXX?*

Se la prima carta selezionata è la numero 4 e la seconda è la numero 3, la combinazione risulterà essere il 43, questa è la vostra **Tavola Esegetica** che andrete a consultare nel capitolo dedicato.

La 43 è intitolata "ILLUSIONE" e riporta nella descrizione generale: l'illusione è la proiezione immaginaria di elementi che non corrispondono alla realtà contingente. È anche la percezione o l'opinione falsata da rappresentazioni che si fondono allo stimolo sensoriale per cui l'individuo perde la capacità di differenziare gli elementi sensoriali diretti da quelli riprodotti. Siate vigili e concreti, centrati nella vostra essenza più profonda. La mondanità è illusoria si basa sull'esteriorità e, purtroppo, rischia di condizionarvi con false luci.

Seconda operazione:

come sopradescritto dovete riporre le prime due carte estratte nel mazzo, poi passate alla terza operazione.

Terza operazione:

mescolate ed estraetele tutte una alla volta, in successione, mantenendo l'ordine di estrazione.

Continuiamo nell'esempio:

la prima carta estratta è la numero 3 (essa si riferisce alla causa che ha provocato il problema) "Ascoltate il consiglio della donna che più vi è vicina".

La seconda carta estratta (indica l'eventuale influenza negativa proveniente dall'esterno e che ha causato un danno) è la numero 6 "Anche se meditate sul problema gli ostacoli non saranno rimossi. Fermatevi, chiudete gli occhi ed immaginate i raggi del sole, questo esercizio potrà chiarirvi le idee e rasserenare l'animo".

La terza carta estratta (mostra l'influenza positiva adatta a sbloccare la situazione) è la 4 "Prima di catapultarvi nell'impresa, studiatene i rischi. Vagliate la situazione e le persone che fanno parte del progetto".

La quarta carta estratta (consiglia il comportamento da tenere per risolvere il problema) è la 1 "Non rivelate ad altri i vostri timori, dimostratevi forti, tutto cambierà in positivo".

La quinta carta estratta (consiglia il comportamento da tenere per risolvere il problema) è la numero 5: "La vita è incatenata a mille schemi che vi impediscono di essere sereni: eliminate i timori ed ascoltate la voce interiore".

La sesta carta estratta (mostra la mèta alla quale approda la situazione) è la numero 2: "Il nervosismo vi porta ulteriori problemi. Affrontate la situazione con molta calma".

Una volta ottenuti la sequenza delle carte ed il primo livello esegetico inizia l'approfondimento interpretativo.

Non è facile confrontarsi con i responsi. Si consiglia di non ripetere più volte la stessa domanda se la risposta avuta non soddisfa. L'atteggiamento da tenere deve essere costruttivo e meditativo. Occorre fiducia e consapevolezza per capire l'oracolo. È utile rileggere più volte i responsi ottenuti per scoprire delucidazioni che vi possono essere sfuggite.

Interpretazione:

In sintesi l'esempio sopra riportato indica come la consultante abbia continuato a vivere una situazione scomoda non tenendo In considerazione i consigli offerti nel tempo da una figura femminile. Non vi sono state influenze negative esterne, bensì sono state incrementate dalla richiedente stessa che non ha voluto osservare gli eventi da una prospettiva diversa. Adesso, prima di agire, viene consigliato al soggetto di valutare tutti i rischi che una decisione avventata può portare.

Per decidere con cognizione, e risolvere al meglio il problema, la consultante deve crearsi una strategia senza rivelarla e usare la propria forza interiore e decisionale per non crollare di fronte ad accuse ed attacchi.

Capitolo 10

CAPITOLO 10

LE TAVOLE ESEGETICHE

Tavola 12

Destrezza

È l'abilità nell'affrontare e risolvere situazioni che comportano un certo rischio. Il bene e la virtù sono in azione.

Spesso vi trovate a dovere risolvere un problema per una persona che si sente incapace di reagire; anche se prevedete i rischi è doveroso non allontanarvi da lei. Il fatto di rendervi utili dona ricchezza interiore.

1. Guardate al presente con amore, perché in esso sono contenuti gli eventi reali. Pensare al passato e al futuro fa perdere l'orientamento.

2. È il momento di essere felici vivendo il presente e condividendo gli eventi reali.

3. Oggi il perdono è doveroso, non rimandate a domani eventuali chiarimenti.

4. Occorre risolvere le situazioni spiacevoli, non sarete soli.

5. Non rimandate la scelta che avete deciso di perseguire.

6. Il dubbio è il risultato di desideri conflittuali; mantenete un comportamento più sicuro e il dubbio diventerà lo stimolo per imparare a trovare nuove vie.

Tavola 13

Intuizione

L'intuizione è la conoscenza diretta di una verità ed è contrapposta alla conoscenza. È la capacità di avvertire, comprendere e valutare con prontezza una situazione.

Essa vi permette di comprendere il linguaggio profondo dei "segni". Se riuscite ad intuire un evento si apre una porta attraverso la quale potete decidere di entrare o meno. Una volta varcata la soglia sarete pronti ad eliminare ogni ostacolo. L'intuizione vi permette di conquistare la sensibilità di "prevenire" gli eventi sia per migliorare la vostra vita che quella degli altri.

1. Smettete di pensare negativamente, la pace che da tempo attendete è alla porta. Il vostro talento nascosto viene alla luce e rivela la vera sensibilità, affina e potenzia la realizzazione concreta!

2. La percezione è necessaria per esprimere i vostri sentimenti, se interpretate giustamente i "segni" che caratterizzano questa situazione, avrete l'indicazione per il giusto atteggiamento.

3. La frustrazione è futile! Esiste una visione diversa del mondo. Considerate lo stato attuale come una nuova esperienza.

4. Respirate profondamente e rilassatevi, oggi questo deve essere l'unico scopo.

5. Pensate alle azioni compiute nella giornata e scrivete le sensazioni; avrete nuove e comprensibili risposte ai perché.

6. Il periodo negativo che state attraversando, impedisce di ascoltare e di seguire la voce interiore; liberate il cuore. Farete nuovi incontri.

Tavola 14

Discernimento

Il discernimento è la facoltà di esprimere un giudizio e di scegliere un comportamento in conformità alle esigenze che la situazione richiede. Operare con discernimento significa valutare i termini ed i caratteri di una questione per poi decidere scelte corrette, oculate e di buon senso.

Vi servirà gran discernimento per riconoscere le tensioni e giudicare l'operato di una persona coinvolta in una situazione critica. Dovrete riconoscere gli atti di amicizia da quelli motivati dal mero interesse.

1. Stanno arrivando tempi migliori, dovete avere fede.

2. Non stupitevi se le cose non stanno andando come volete. Eliminate i preconcetti e guardate gli eventi da una nuova prospettiva.

3. Non siate pigri e cambiate l'atteggiamento; asciugatevi le lacrime e guardate nuovi orizzonti. Compatirvi non serve a niente e nessuno.

4. È il momento di riportare equilibrio nelle azioni con un atteggiamento meno caparbio.

5. Se agirete con cognizione, le vostre capacità saranno riconosciute e premiate. Non ascoltate coloro che oggi vi sminuiscono.

6. Se continuate a trattare gli altri come burattini dovrete pagarne le conseguenze: più comprensione.

Tavola 15

Disciplina

La disciplina è l'atteggiamento giusto da tenere: ogni individuo è governato da una coscienza che obbedisce ad una legge morale. Siate sicuri di voi stessi, cercate nella disciplina un ritmo consono al vostro carattere: questo renderà più facili le scelte ed aumenterà l'autostima e, di conseguenza, maggiori possibilità di realizzarvi nei campi professionali e sociali.

1. Le forze non saranno sprecate se le utilizzerete per migliorare la situazione.
2. La situazione è intricata, affrontatela con prudenza e serenità. Mantenete un comportamento pacato e gentile.
3. Per risolvere è necessario lavorare di più, parlate ed aiutate chi chiede consigli.
4. Aggiornatevi su ciò che collaboratori, o soci, o amici, o parenti stanno facendo per la situazione in essere. Questo vi permetterà di aver una visione più estesa e chiarificatrice.
5. Subirete un rallentamento perché avete trascurato alcuni dettagli.
6. La situazione che state vivendo è ostacolata da persone al di fuori dell'ambiente di lavoro, guardatevi attorno e decidete come agire!

Tavola 16

Dovere

Il dovere è una vera forza propulsiva nella vita. Il profondo senso del dovere famigliare e dell'amicizia sono atti di responsabilità di grande pregio: esserci significa partecipare consapevolmente, interagire, gioire di ciò che siete. Esserci significa anche alleviare e sostenere chi nella vita è più debole.

Sentitevi in dovere di essere voi stessi di fronte alle difficoltà.

1. Impegnatevi a vivere serenamente il rapporto con l'altra persona e affrontate insieme i rischi. Usate il fascino per aumentare le possibilità di ottenere ciò che desiderate.

2. L'amore e l'amicizia, come le piante, vanno curati e nutriti; non trascurate, pertanto, la persona amata e neppure, gli amici.

3. La politica dei piccoli passi è quella vincente, mentre la fretta produce risultati insoddisfacenti.

4. Lottate per l'obiettivo che vi siete prefissati: mancarlo significherebbe far precipitare l'autostima.

5. Fate una lista degli obiettivi che volete raggiungere, farete un primo passo verso la realizzazione dei vostri sogni. Quando ne raggiungete uno, cancellatelo dall'elenco, ma ricordatevi di tutte le sensazioni e le emozioni che avete provato. Questo sarà utile per adottare un futuro comportamento vincente.

6. Evitate, in questo frangente, l'uso delle parole "non" e "mai" per ottenere apprezzamento da coloro che vi frequentano.

Tavola 21

Capacità di scelta

La capacità di scelta è forse una delle più grandi possibilità del genere umano, di fatto solo noi possiamo scegliere tra il Bene e il Male. È un dono divino che acquisiamo alla nascita e che non va sprecato con atteggiamenti di sottomissione.

Non fatevi condizionare e non delegate mai la scelta ad altri.

1. Per raggiungere la mèta vagliate tutto con chiarezza (possibilità, rischi, costi).

2. Ponetevi, adesso, la domanda: “Che cosa mi rende felice in questo momento?”. Quindi ripescate due carte per consultare un’altra tavola.

3. Per risolvere la questione è necessario rigenerare le energie, una passeggiata vi farà molto bene. Recupererete la forza per ribellarvi.

4. Credete che vi manchino molte cose, in realtà è il momento di ringraziare per ciò che avete ottenuto.

5. È bene ricordare che ai momenti di gioia seguono momenti di malinconia. Reagite e subentreranno novità allettanti.

6. Se aprite adesso un libro lo scritto che comparirà per primo ai vostri occhi vi darà un indizio per giungere alla risposta.

Tavola 23

Progresso

Il progresso è un processo migliorativo delle condizioni di vita. In generale indica lo sviluppo dell'uomo nella sua storia concepita come un procedere lineare, dove i miglioramenti si accumulano per determinare condizioni avanzate di qualità. Soggettivamente è il percorso evolutivo individuale che concorre al bene comune.

Ogni giorno potete crescere, migliorarvi e giungere ad una maggiore comprensione delle cose.

1. Qualcosa che pensavate perduto ritorna aprendo nuove possibilità per un futuro più sereno.

2. L'amore sboccerà nella grande passionalità, tutto vi sembrerà più facile. È importante che ritroviate comprensione ed intimità.

3. Eliminate la tensione e guardate più lontano! C'è una sorpresa in arrivo.

4. Se dai semi che avete piantato volete fare nascere piante forti, armatevi di concretezza e determinazione.

5. Eliminate il nervosismo e sorridete di più, gli effetti saranno sorprendenti.

6. Prima di prendere qualsiasi decisione, vagliate tutte le possibilità con calma, poi decidete per il si.

Tavola 24

Equilibrio

L'equilibrio è la capacità di governare le emozioni senza soffocarle o, al contrario, senza che prendano il sopravvento.

Vi conduce al raggiungimento delle vostre méte. Non fatevi dominare dalle emozioni: esse, benché fondamentali per la vita, possono condizionare in modo eccessivo le giuste valutazioni e scelte. L'equilibrio si ottiene attraverso l'obiettività, la compensazione delle energie e la capacità di padroneggiare gli impulsi.

1. Utilizzate l'indifferenza e sorridete per ritrovare la strada giusta.

2. Cercate di appianare le difficoltà con molta diplomazia.

3. Nuovi traguardi e vittorie inattese sono vicini e vi procureranno la meritata soddisfazione.

4. È il momento giusto per agire, non lasciatevi sopraffare dall'ansia.

5. Si prospettano interessanti rapporti di lavoro, lasciate spazio ai vostri talenti migliori per emergere.

6. Guardatevi intorno con nuovi pensieri e nuovi progetti, allontanate il malumore.

Tavola 25

Riservatezza

La riservatezza è una qualità che sottolinea la discrezione e il rispetto del segreto e dell'intimità.

Spesso vi siete fidati di qualcuno al quale confidare alcuni segreti personali e il giorno dopo, malgrado le rassicurazioni, sono diventati di pubblico dominio, comportando tutta una serie di spiacevoli conseguenze. La riservatezza deve essere insegnata.

1. State per vivere una nuova storia che assorbirà buona parte della vostra vita. Mantenete la riservatezza.

2. Mostratevi più disponibili, sarete giudicati positivamente ed avanzerete nella carriera.

3. Si sta dissolvendo il dubbio che vi ha assillato la mente negli ultimi tempi. Parlatene con chi vi è più vicino.

4. Le novità arrivano una dopo l'altra, mantenete la calma e siate più forti.

5. Non c'è nessun motivo di avere incertezze e dubbi, ciò di cui avete bisogno è una piccola vacanza.

6. In questa specifica situazione, per ricevere un qualcosa, è necessario che gli altri riconoscano ciò che avete dato fino ad oggi.

Tavola 26

Instabilità

L'instabilità è la tendenza a subire repentine alterazioni degli stati d'animo, è anche un'anomalia del carattere dovuta ad una eccessiva ricettività alle stimolazioni che possono derivare dagli affetti e dall'istinto. L'instabilità crea gravi problematiche nel contesto della realizzazione personale.

Non fatevi travolgere dall'instabilità emotiva cercate il vostro intimo baricentro d'equilibrio.

1 Sono previsti progressi di grande interesse nel prossimo futuro, tenetevi pronti ed organizzatevi.

2 Eliminate l'apatia e prendete, adesso, una decisione. Potete trattare senza alterarvi.

3 Evitare lo scontro è indispensabile, esso potrebbe causare una rottura.

4 L'equilibrio vi donerà nuove gioie se mostrerete più padronanza delle situazioni.

5 Approfittate di questo momento per concedervi una pausa di riflessione, la realizzazione del vostro progetto è sotto i migliori auspici.

6 Dimostrandovi più docili e disponibili negli affetti, ci sarà un complice consolidamento.

Tavola 31

Intelligenza

Gli antichi narravano che la sede dell'intelligenza fosse il cuore.

Difatti essa non ha solo una valenza mentale bensì e, soprattutto, creativa. Ci avvicina al divino, è luce.

Stimolate la vostra intelligenza: nutritela con l'arte, la cultura e la bellezza in tutte le sue forme.

1. Scegliete di chiudere la porta sul passato, non rimuginate: la strada è lunga. L'intelligenza vi permette di dipanare autonomamente i problemi nuovi, di risolverli nel modo più appropriato in base alle situazioni in cui siete immersi e di rilevare o cogliere relazioni problematiche e contrasti.

2. Solo con l'introspezione troverete quello che cercate. Potete prevedere, scongiurare, evitare il verificarsi di situazioni future negative, ma solo grazie alle elaborazioni delle informazioni.

3. Un'ottima forma fisica rifletterà qualità nel vostro lavoro e nella vita affettiva.

4. La risposta è quella di non porvi, per il momento, troppe domande e vivere con più creativa spontaneità.

5. Amatevi di più e provate a vivere secondo i vostri desideri.

6. Ascoltate i reali bisogni, valutate le priorità che volete dare alle vicende e ai fatti per non cadere in depressione.

Tavola 32

Fatalità

La fatalità è l'atteggiamento di passiva rassegnazione di fronte agli eventi. È un fatto estraneo alla volontà.

Siate meno fatalisti e superstiziosi. Cercate di prendere in mano il timone della vostra vita con coraggio e determinazione.

Non siate succubi dei vostri superiori sia nello studio che nel lavoro ma, soprattutto, evitate i giudizi e le false credenze religiose e popolari che sono in grado di condizionare in eccesso le vostre scelte.

1. L'ansia vi impedisce di liberarvi dalle paure, adesso il giudizio degli altri non è importante.

2. Avendo capito ciò che va bene, seguite questa intuizione e continuate in quella direzione.

3. Affrontate il distacco da chi vi ama con serenità, senza sentirvi abbandonati e soli.

4. Rispettate le diversità degli altri e non siate eccessivamente critici.

5. La sofferenza può essere mitigata se il pensiero è positivo.

6. Chiedete aiuto quando ne sentite la necessità.

Tavola 34

Ottimismo

L'ottimismo è una caratteristica psicologica di chi vede e vive il corso degli eventi favorevolmente. È la sintesi virtuosa della capacità di considerare i dati reali e oggettivi pur cercando in essi la positività, senza negare gli aspetti negativi della situazione in corso.

È bene che consideriate la realtà dal suo lato migliore, però attenzione a non cadere nelle trame dell'illusione.

1 Sta iniziando un periodo ricco di cambiamenti. L'atteggiamento deve essere "la situazione è questa... ma con impegno riuscirò a sistemare le cose al meglio, imparando a fare quello che ancora non so fare! "

2 L'impegno deciso vi permetterà di riscuotere un grande successo. Occorre stimolare la buona fede di chi giudicherà il lavoro fatto.

3 Per raggiungere lo scopo unite l'ottimismo e la serenità alla forza di volontà.

4 Meglio non sprecare nulla di ciò che vi appartiene, curate i rapporti di amicizia e di fiducia offrendo disponibilità.

5 Se confrontate le vostre idee con quelle degli altri vi accorgerete quanto è utile accettare pareri anche contrastanti che mostrano un nuovo punto di vista.

6 La tolleranza è la chiave capace di aprire molte porte.

Tavola 35

Adattamento

Adattamento è uno stile di vita che permette collaborazioni in tutti i settori.

È una qualità rara tutta da scoprire: chi sa o chi impara ad adattarsi possiede una grande forza che lo rende inattaccabile.

Siate aperti ad ogni forma di esperienza.

1. Imponetevi senza proferire parola grazie all'azione creativa: conserverete intatti i rapporti affettivo, lavorativo, ecc.

2. È tempo di fare decollare i vostri progetti con entusiasmo.

3. Dimostrate la vostra abilità ed inventate ogni giorno qualcosa di nuovo. Colpirete il giusto bersaglio.

4. Se volete fare un salto di qualità rinnovate le relazioni sociali ed evitate la competizione sul lavoro.

5. Le idee messe in pratica diverranno presto operative e vi regaleranno grandi vantaggi.

6. Un contrasto vi farà riflettere, evitate gli impeti di collera.

Tavola 36

Passionalità

La passionalità è la manifestazione esuberante delle pulsioni personali. Essenzialmente si riferisce a coloro che provano forti passioni, che vivono in modo irrazionale ed impulsivo le emozioni e gli istinti.

C'è però un lato misterioso e bello della passionalità: è quello che ha ispirato numerosi grandi artisti, scopritelo anche voi, è nascosto nel cuore.

1 Quando una situazione degenera correte al riparo ma non perdete il controllo, tutto ciò che avete conquistato diventa un diritto che non potete perdere.

2 Il vero amore vi parlerà il linguaggio della fedeltà e della dedizione, sarà un punto fermo su cui potrete contare in ogni momento. Non lasciatevi prendere dagli scatti d'ira e dalle gelosie.

3 Vi conviene sciogliere le vecchie alleanze e andare incontro alle novità con spirito d'avventura. Coniugate la passione in creatività.

4 È inutile provare rimpianti e rimproverarvi per un qualcosa che era destinato a quest'epilogo: lasciarvi andare alle passioni forti può rendervi ciechi.

5 Usate costruttivamente la dedizione per motivare nuove amicizie, cercate persone adatte al vostro modo di vivere.

6 Ponderate a lungo, altrimenti rischiate di tradire i vostri propositi.

Tavola 41

Disorientamento

Il disorientamento causa confusione, turbamento, sconcerto. L'essere umano è una nave nell'immenso oceano misterioso dell'esistenza e, facilmente, perde i punti di riferimento.

La vera bussola della vita è la consapevolezza, seguite fiduciosi le sue rotte vi condurranno al vostro centro essenziale.

1 L'incertezza vi farà riflettere, pertanto, vi conviene, per il momento, evitare bruschi cambiamenti.

2 Non perdete di vista i risultati ottenuti con la scusa di puntare al futuro. Ciò che conta è nel presente.

3 L'amore vi assisterà grazie alla perseveranza e alla fede che vi alimentano.

4 Qualcuno, in modo anonimo, fomenterà battaglia contestandovi: smaschererete il colpevole ed organizzerete un'azione alternativa.

5 Alcuni amici vi sono di aiuto, fidatevi di loro.

6 Moderate l'ira verso chi non capisce o non vuole capire.

Tavola 42

Speranza

La speranza è l'attesa fiduciosa di un evento gradito o favorevole, con la possibilità di conseguire una realizzazione. È lo stato d'animo di chi è fiducioso negli avvenimenti del futuro o di quelli già accaduti di cui non conosce i contorni precisi e le esatte possibilità di riuscita.

La speranza è una vivida fiamma che può aiutarvi nei momenti più oscuri e difficili illuminandovi il cammino.

1. L'invidia vi nuoce e vi rende deboli agli occhi altrui, meglio mutarla in ammirazione e il nemico diverrà un amico.

2. Non portate rancore e siate pronti a guidare solo chi vuole seguirvi. Quindi l'arma vincente, oggi, è uno stile di vita che assecondi gli avvenimenti, non cercate di contrastarli.

3. Verificate la validità delle amicizie perché qualcosa non ha funzionato. Con le persone care l'ascolto e la disponibilità portano a momenti di profonda condivisione.

4. La stanchezza sta rischiando di disarmarvi, recuperate slancio e motivazione in breve tempo.

5. La pazienza ha elargito un premio: è finito il tempo dell'attesa e del contrasto.

6. Nella stanza segreta dell'amore avverranno inaspettati scambi di energia, ne sarete rigenerati.

Tavola 43

Illusione

L'illusione è la proiezione immaginaria di elementi che non corrispondono alla realtà contingente. È anche la percezione o l'opinione falsata da rappresentazioni che si fondono allo stimolo sensoriale per cui l'individuo perde la capacità di differenziare gli elementi sensoriali diretti da quelli riprodotti. Siate vigili e concreti, centrati nella vostra essenza più profonda. La mondanità è illusoria, si basa sull'esteriorità e, purtroppo, rischia di condizionarvi con false luci.

1. Non rivelate ad altri i vostri timori, dimostratevi forti, tutto cambierà in positivo.

2. Il nervosismo vi porta ulteriori problemi. Affrontate la situazione con molta calma.

3. Ascoltate il consiglio della donna che più vi è vicina.

4. Prima di catapultarvi nell'impresa, studiatene i rischi. Vagliate la situazione e le persone che fanno parte del progetto.

5. La vita è incatenata a mille schemi che vi impediscono di essere sereni: eliminate i timori ed ascoltate la voce interiore.

6. Anche se meditate sul problema gli ostacoli non saranno rimossi. Fermatevi, chiudete gli occhi ed immaginate i raggi del sole, questo esercizio potrà chiarirvi le idee e rasserenare l'animo.

Tavola 45

Ragione

La ragione è una prerogativa dell'uomo. È un insieme di fatti intellettivi che permette di conoscere ed ordinare le conoscenze.

Con essa potrete facilmente riconoscere il vero dal falso e il giusto dall'ingiusto. Attenzione però a non cadere nell'eccessivo ragionamento potreste rimanere intrappolati nel labirinto della mente.

1. Abbandonate i pensieri negativi, liberate la mente e rilassatevi concedendovi un attimo di pace. Fate qualcosa che vi piace e che vi allontana dalla routine quotidiana.

2. Identificate la vostra realtà non solo con il corpo ma anche con lo spirito.

3. Cercate di vivere il vostro presente senza fuggire da voi stessi, evitate di guardare ossessivamente a ritroso la vostra vita.

4. Liberate la mente dalle convinzioni, troverete un'altra soluzione.

5. Assumetevi la responsabilità dei vostri errori senza punirvi; non rimanete intrappolati nel pensiero negativo.

6. Toglietevi la maschera, sarà d'aiuto mostrarvi come siete.

Tavola 46

Transizione

La transizione è un passaggio importante tra due modi di vivere, due situazioni che coinvolgono.

Prima che i fatti s'imbroglino, agite con cognizione di causa. Il momento più scuro della notte è poco prima dell'alba: è l'attimo più buio nella transizione tra tenebra e luce. È magia pura.

1 Interrogatevi sulle conseguenze negative dei fatti accaduti. Avete fatto qualcosa per evitare che succedessero? Mutate il vostro atteggiamento nella situazione attuale.

2 Se volete ricavare un beneficio occorre sedare il vostro temperamento esplosivo ed aggressivo.

3 Prima di decidere analizzate ogni piccolo dettaglio del problema che dovete affrontare.

4 Presto troverete la soluzione in quanto siete stati abili ad aggirare gli ostacoli senza timore e a mettere la situazione sotto controllo.

5 La memoria ed il fascino sono gli elementi che vi servono per realizzare la nuova creazione con successo.

6 Uscite dal mondo fantastico in cui vi immergete spesso, e sforzatevi di vivere praticamente la quotidianità.

Tavola 51

Integrità

L'integrità è l'autenticità da esprimere direttamente con le vostre azioni. È una condizione di maggior equilibrio a cui tendere. Essere integri significa non scendere a compromessi: fonte di tante insoddisfazioni.

Acquisirla vi richiederà energia e coraggio, ma vi renderà più solidi e forti.

1 Non giudicate con severità, perdonatevi ed accettatevi. L'integrità spinge verso un'identità chiara, la ricerca dei limiti, la conoscenza e l'accettazione di sé stessi.

2 Si stanno aprendo delle nuove opportunità, adesso potete realizzare inusitate prospettive, non rimandate.

3 Accogliete con maggiore fiducia le offerte che vi vengono fatte.

4 Osservate chi vi parla ed ascoltate attentamente e, se è necessaria una risposta, dovrete essere tolleranti e mantenere la calma.

5 Mettete più entusiasmo nelle vostre azioni perché rischiate di perdere la forza creativa e la vitalità.

6 Controllate il nervosismo ed evitate le discussioni, ma non scendete a compromessi che vi procurerebbero un'ulteriore fonte di dispiacere.

Tavola 52

Bontà

Essere buoni non vuol dire essere accondiscendenti o deboli. Bontà è forza, coraggio, calma ed altruismo. Bontà è sinonimo di condivisione.

Il vostro desiderio di un mondo più giusto e più amorevole presuppone una maggiore sensibilità e comprensione. Donate bontà agli altri, potete manifestarla nelle azioni di tutti i giorni.

1 Non temete di chiedere aiuto ad un amico od amica, il suo intervento potrebbe esservi prezioso. E avrete la possibilità di ricambiare.

2 Le iniziative che avete proposto non sono passate inosservate, approfittate della disponibilità degli altri.

3 Lasciate scorrere gli eventi senza forzature. Non ci sono impedimenti.

4 Riesaminate con estrema imparzialità la vostra iniziativa poiché necessita di alcuni ritocchi. Lasciatela nel cassetto per qualche giorno, poi riprendetela in esame e riuscirete a trovare le parole giuste per esprimere i concetti adatti.

5 Ascoltate di più i suggerimenti che arrivano dai collaboratori o colleghi o amici. Anche loro fanno parte del progetto.

6 Concentrate tutta l'energia per iniziare questa nuova fase decisamente positiva.

Tavola 53

Dolcezza

Dolcezza è poesia, conforto, amorevolezza. La dolcezza è la qualità necessaria in questo frangente.

Vi dovete abbandonare alla tenerezza e alla delicatezza del cuore e dei sensi. Agite con dolce attenzione e precauzione nelle azioni quotidiane ciò vi garantirà successo e realizzazione.

1 Dimostratevi pazienti nei confronti di chi vi ama ed aspettate che passi il momento burrascoso. Lungo il percorso insieme è indispensabile imparare a coltivare e mantenere la dolcezza, perché è la base di un rapporto sereno.

2 Non potete prendere adesso decisioni sulla vostra relazione d'amore, altri problemi e pensieri vi distraggono. Dovreste, però, rivolgervi al partner con modi più garbati.

3 Agite con diplomazia, rimuovete il risentimento che provate; abbattete le barriere che possono dividere. La dolcezza diventa quindi l'antidoto contro la prepotenza e la prevaricazione.

4 Scegliete e calibrate con cura le parole che userete in questo contesto. Non sempre ciò che si dice viene recepito e compreso.

5 Impegnatevi con più energia, non è il momento dello svago. Dovete risolvere ancora alcuni problemi, poi il cielo si rasserenerà.

6 La realtà è meno bella dei sogni, ma ora è d'obbligo la concretezza.

Tavola 54

Perspicacia

La perspicacia è la capacità di penetrare con lo sguardo nell'intimo delle cose.

Essere perspicaci è una dote mentale da allenare e fare crescere con attenzione: leggete libri di qualità, informatevi sulle culture diverse dalla vostra, sviluppate il vostro senso critico e confrontatevi sui temi fondamentali dell'esistenza. Se ora agite con perspicacia, prudenza e discrezione allargherete i vostri orizzonti, avrete un ventaglio di prospettive e saprete scegliere la più adatta alle vostre aspettative.

1 Eliminate la staticità e impegnatevi di più al fine di non danneggiare con l'apatia il progetto che avete in atto.

2 Non mescolate i rapporti di lavoro con quelli amorosi. Guardate oltre i veli che nascondono la persona a voi cara. Esistono altri momenti della giornata che possono permettere di approfondire la conoscenza del partner, al di fuori dell'ambiente lavorativo.

3 La critica esercitata contro voi stessi è troppo severa, tende a frenare le azioni e vi può portare alla depressione. Amatevi di più, uscite ed incontrate gente, scoprirete le vostre vere qualità e ne gioirete.

4 Per fare valere le vostre ragioni agite, in un primo tempo, con la razionalità, poi, se necessario, ricorrete a maniere più forti. Non permettete a nessuno di sottomettervi.

5 Il progetto presentato è valido, ma le circostanze vi consigliano di rimandare di qualche settimana la presentazione ufficiale.

6 La parola conoscenza non va dimenticata, il partner sta agendo per tutti e due, non sottovalutate la situazione.

Tavola 56

Mistero

Il mistero è un concetto squisitamente esoterico ricco di fascino. Esso vela la realtà delle cose e solo pochi riescono a penetrarlo. Il mistero, di fatto, è soprannaturale, è pura trascendenza.

Solo grazie all'intuizione potrete aprire la sua porta.

Ha, come tutto, un suo contraltare: i misteri possono essere usati da personaggi carismatici senza scrupoli per controllare le menti delle persone più deboli.

1 Con lo stato di coscienza attuale è meglio che evitiate qualsiasi azione. Prendetevi tempo per riflettere e valutare il momento che state vivendo.

2 In questi giorni vi conviene disdire gli impegni mondani; non avete l'umore adatto. C'è un problema da risolvere tra le mura domestiche.

3 Malgrado le situazioni pesanti, non arrendetevi, presto troverete il modo per uscire da questa strettoia. Parlatene con una persona competente che vi suggerirà il da farsi.

4 È il momento di ammettere il vostro errore, questo vi consentirà di giudicare l'evento con maggiore obiettività ed incrementerà la stima nei vostri confronti.

5 Vi conviene prendere meglio in esame la proposta che avete ricevuto, è interessante ed è l'occasione che aspettavate.

6 Potete sciogliere il nodo in cui la situazione si è "legata", non è un'operazione difficile, dovete solo concentrarvi.

CAPITOLO 10

Tavola 61

Falsità

La falsità è la totale mancanza di corrispondenza con la verità. Essa si intreccia indissolubilmente con l'ipocrisia, la menzogna e l'inganno.

Più sarete "centrati" in voi stessi più riuscirete a riconoscere le illusioni e le bugie che ogni giorno vi vengono proposte: osservate ed ascoltate con attenzione chi vi interpella, valutate se ciò che vi viene offerto è consono alla realtà - avete la capacità di farlo.

Diventate, però, anche consapevoli di quando siete voi a mentire.

1 È inutile fare commenti pungenti sul conto di alcuni vostri amici, il rischio al quale andate incontro è di perderli.

2 Per non essere danneggiati è tassativo che affrontiate dei cambiamenti, prendiate decisioni importanti ascoltando i pareri di chi è in sintonia con voi.

3 Se qualcuno vi ha deluso, non siate troppo severi con lui, ma dategli la possibilità di giustificare il suo comportamento.

4 Chiacchierate meno e passate subito all'azione. Ingenuamente avete commesso errori di valutazione riguardo ai vostri atteggiamenti caratteriali, ingannando chi non lo meritava.

5 Nelle questioni di cuore la coerenza è la carta vincente, non cambiate l'attuale atteggiamento anche se siete stati feriti. Il perdono è la vera soluzione.

6 Per realizzare il sogno che avete tenuto nel cassetto, dovete prevedere e scongiurare in tempo le possibilità negative.

Tavola 62

Ritardo

Ritardo è sintomo di inefficienza, di superficialità, di poca professionalità. Esso è la conseguenza di numerosi fattori oggettivi e soggettivi che possono irritare la maggior parte delle persone. Fondamentalmente ha una valenza negativa. Oppure, al contrario, può causare eventi positivi, per esempio un aereo partito fuori orario ha evitato un grave incidente, ecc.

Cercate di accettare gli avvenimenti analizzandoli con criterio e buon senso.

1 Romanticismo e fantasia possono rendervi ingenui e vulnerabili, non affrettatevi a decidere.

2 Siate più razionali e meno esuberanti, il vostro marcato ottimismo potrebbe trarvi in inganno, e rischiate di perdere l'occasione buona.

3 I sentimenti vi stanno facendo trascurare i doveri quotidiani. Riprendetevi altrimenti ci saranno serie conseguenze per la vostra attività.

4 Non entusiasmatevi troppo per i buoni risultati ottenuti: godetevi con semplicità i meritati guadagni.

5 Usate la fantasia per realizzare le vostre ambizioni ed essere accettati tra i primi candidati.

6 Evitate l'ansia e chiedetevi se certi problemi esistono veramente, fate una lunga passeggiata magari nei boschi, meditando. La soluzione è dentro di voi.

Tavola 63

Innocenza

L'innocenza è prerogativa dei bambini per cui è sinonimo anche di spontaneità e di naturalezza.

L'innocenza niente a che vedere con il ragionamento.

In forma giuridica è la mancanza di colpa (ma questo ci interessa di meno).

Cercate, quando vi è possibile, di ricontattare la vostra fanciullezza, la vostra innocenza: questo vi rigenererà in una sorta di intima catarsi.

1. È un periodo di confusione anche se vi sono state offerte nuove opportunità: vivete alla giornata fino a quando questo stato emotivo non scomparirà.

2. Siate più intuitivi nelle amicizie (non date spazio a quei pochi che vogliono danneggiarvi). Vi dovete guardare da coloro che vi osannano e vi assecondano in tutto ciò che dite.

3. Se sarete troppo intransigenti non potrete vincere. Dovete essere più socievoli e diplomatici, queste due caratteristiche vi permetteranno di interpretare gli avvenimenti con più chiarezza.

4. Createvi nuovi interessi e frequentate persone e ambienti diversi. Non cedete all'indolenza.

5. Non vi manca la volontà di riuscire, osate di più. Offrite le opinioni e nuove idee.

6. Se drammatizzate troppo le situazioni che state vivendo rischiate di crearvi inimicizie allontanandovi dall'obiettivo.

Tavola 64

Giudizio

Il giudizio è, nella maggior parte dei casi, sintomo di presunzione: la mente e l'ego sono i giudici peggiori. Il giudizio filtra la realtà, costringe al controllo, tiene intrappolati ai bisogni, conduce alla rabbia, alla tristezza e ai sensi di colpa.

Tentate di essere coscienti quando cadete in giudizi eccessivi dettati dall'opportunismo o dall'intolleranza nei confronti del prossimo.

1 C'è qualcosa che dovete farvi perdonare, è il momento di chiedere scusa e di riprendere la naturale gioia di vivere per sentirvi liberi e più leggeri.

2 Grazie allo spirito d'iniziativa fate valere le idee brillanti ed intelligenti. Finalmente realizzerete il vostro progetto.

3 È utile che voi pensiate ad associarvi, è tutto pronto per la nuova avventura. Avete fatto i calcoli e sapete che in gruppo sarete più forti.

4 Siate sinceri anche a costo di rimetterci, a chi vi ascolta risulterà un atteggiamento positivo e vincente. Finalmente troverete quella apertura che, per la troppa energia, avete rischiato di tenere chiusa.

5 Non c'è difficoltà passata, presente e futura che voi non siate in grado di affrontare. L'importante è che mettiate in pratica quello che avete imparato dalle esperienze precedenti.

6 Questo è il periodo giusto per concludere i vari programmi in essere. Sono stati scartati gli aspetti negativi della situazione, pertanto siete pronti per un nuovo inizio. Inoltre, non siete soli.

Tavola 65

Volontà

La volontà è la facoltà dell'uomo di tendere con decisione ed autonomia alla realizzazione di mète prefissate.

Mettete da parte la ricerca della perfezione e proseguite con più semplicità verso la realizzazione dei vostri desideri.

1 Non dovete vedere rivali e soprusi dove non ci sono e non dovete sentirvi sempre o in parte responsabili della situazione.

2 Essendo dotati di grandi capacità di comunicazione, potrete convincere chiunque ad offrirvi un aiuto per sbrogliare le problematiche in corso.

3 Quando vi offriranno aiuto subito riscontrerete notevoli benefici e, a vostra volta, sarete di grande sostegno alla persona che vi è venuta in soccorso.

4 Per il momento evitate di prendere decisioni affrettate, mancano i presupposti.

5 Non irritatevi se una persona non ha mantenuto le promesse fatte. Non è dovuto alla sua cattiva volontà ma ad un reale impedimento. Vi conviene aspettare e rimandare ciò che dovevate fare: è solo questione di pochi giorni.

6 Non fatevi influenzare dall'atteggiamento di alcuni conoscenti, ciò che conta è la sicurezza che voi avete nell'affrontare i problemi quotidiani.

CONCLUSIONE

Cari lettori ora avete tutti gli strumenti per addentrarvi nel misteroso ed affascinante mondo della Numerologia.

Potrete così intrattenere i vostri amici negli incontri conviviali, oppure cimentarvi in una consultazione più approfondita per coloro che avessero la necessità d'indagare su dubbi e quesiti.

In fondo al libro le pagine dove potrete ritagliare le sei carte del Gioco.

INDICE

COLLANA SELF-HELP

Come essere sempre felici

Autore: Er. MK Gupta
Prezzo: € 7,90
ISBN 978-88-95746-27-2

Oltre 120 suggerimenti per rendere la vostra vita più luminosa e sempre più felice.

Come controllare la tua mente ed essere libero dallo stress

Autore: Er. MK Gupta
Prezzo: € 7,90
ISBN 978-88-95746-35-7

Un metodo scientifico step-by-step per rafforzare la vostra mente, elevare i vostri pensieri ed alleviare lo stresspiù felice

Impara a Vincere

Autore: Augusto Cury
Prezzo: € 7,90
ISBN 978-88-95746-500

L'autore ci porta a comprendere che la peggiore prigione del mondo è quella che imprigiona l'emozione e ci impedisce di essere liberi e felici.

10 regole per guarire le ferite d'amore

Autore: Francesco Campione
Prezzo: € 7,90
ISBN 978-88-95746-52-4

Le ferite d'amore si possono guarire.
Il libro è una vera e propria guida per riuscirci.

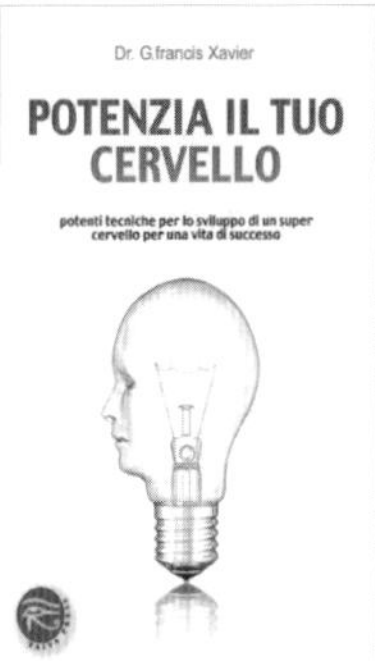

Potenzia il tuo cervello

Autore: Dr. G. Francis Xavier
Prezzo: € 7,90
ISBN 978-88-95746-37-1

Potenti tecniche per lo sviluppo di un super cervello, per una vita di successo. (Nota per i Genitori: Offrite questo libro in dono ai vostri figli; le tecniche riportate non solo svilupperanno il loro potere cerebrale, ma li aiuteranno anche ad ottenere il massimo dei voti agli esami)

Impossibile... Possibile

Autore: Biswaroop Roy Chowdhury
detentore di diversi "Guinnes World Records"
Prezzo: € 7,90
ISBN 978-88-95746-49-4

Tecniche efficaci per modificare il proprio stato mentale, riuscendo così a trasformare l'impossibile in possibile.

NOVITA' **SELF-HELP**

Impara a dire NO se non vuoi dire SI

Autore: Renu Saran
Prezzo: € 7,90
ISBN 978-88-95746-61-6

Questo libro ti insegna alcuni metodi per dire "NO", aiutandoti così a rendere felice la tua vita.

Come essere sempre positivo

Autore: Er. MK Gupta
Prezzo: € 7,90
ISBN 978-88-95746-69-2

Questo libro contiene molte gemme di saggezza provate e testate da innumerevoli persone che, in passato, hanno percorso la via della liberazione e della felicità.

Mai rinunciare ai tuoi Sogni

Autore: Augusto Cury
Prezzo: € 7,90
ISBN 978-88-95746-67-8

Questo libro parla della scienza dei sogni, della mente dei sognatori, della personalità di coloro che mai anno rinunciato ai loro sogni. Soprattutto, insegna come pensare, perché il sogno ossigena l'intelligenza e irriga la vita di piacere e significato.

Motivazione e Successo

Autore: Luiz Marins
Prezzo: € 7,90
ISBN 978-88-95746-68-5

In un mondo sempre piú competitivo, il successo potrá essere raggiunto solo da persone motivate e vincenti. In questo libro il lettore troverá le basi per una vera motivazione cognitiva, frutto della ragione e molto distante da tante formule magiche, per ottenere il successo.

COLLANA **I GRANDI CHEF**

Autore: Paolo Paoletic

Prezzo: € 19,90

ISBN 978-88-95746-59-3

Pagine: 244

Oltre 100 "ricette d'autore".

Ogni ricetta è presentate con immagine descrittiva ed istruzioni operative per la realizzazione.

COLLANA **PNL MOTIVAZIONALE**

I sogni esistono per essere realizzati

Autore: César Romão
Prezzo: € 7,90
ISBN 978-88-95746-39-5

Strategie, di semplice attuazione, per realizzare tutto ciò che l'anima chiede.

Idea Milionaria

Autore: Luccas Covo
Prezzo: € 7,90
ISBN 978-88-95746-42-5

10 regole d'oro per trasformare le proprie idee in denaro

Osa e il futuro sarà tuo

Autore: Marcio Kühne
Prezzo: € 7,90
ISBN 978-88-95746-41-8

Raggiungi il successo con le tue proprie forze perché il futuro non é quello che si teme. Il futuro é ció che si osa.

Il poter dell'entusiasmo e la forza della passione

Autore: Ph. Dr. Luiz Marins
Prezzo: € 7,90
ISBN 978-88-95746-40-1

Senza "entusiasmo e passione" è impossibile vincere le sfide imposte dai cambiamenti del nuovo secolo.

Il Tuo Futuro dipende solo da Te

Autore: César Romão
Prezzo: € 7,90
ISBN 978-88-95746-62-3

Il metodo proposto si basa su principi che ti metteranno in condizione di pianificare, disegnare e realizzare il tuo progetto di vita.

Dai Colore alla tua Vita

Autore: Luccas Covo
Prezzo: € 7,90
ISBN 978-88-95746-64-7

Imparerai a emozionare, motivare, unire, piangere, sorridere ed essere felice.
Imparerai a condividere, amare, offrire, donare.

COLLANA **ORIZZONTI**

Una tesi di laurea da 110 e lode

Autore: Rachel Polito
Prezzo: € 7,90
ISBN 978-88-95746-48-7

Con questo libro imparerai a comprendere che ci si puó organizzare e che ogni passo non sará stressante, avendo cura di tutti i dettagli per concentrarsi nell'obiettivo finale.

Le perle dei porci

Autore: Tania Rocha
Prezzo: € 9,90
ISBN 978-88-95746-36-4

Questo libro é un viaggio nella storia, nella letteratura, nelle menti maschili e ci "regala" quello che gli uomini hanno detto di noi donne. É una raccolta di pensieri, frasi, aforismi, citazioni e proverbi in cui, nel corso della storia viene citata la donna.

Usa il potere della tua mente

Autori Vari
Prezzo: € 19,90
ISBN 978-88-95746-60-9
Corso teorico pratico di Training Autogeno (contiene cd-rom e DVD di Pina Li Petri - musiche di Nicola Cantatore)

Attraverso la tecnica del Training Autogeno spiegata in quest'opera multimediale, il lettore imparerà a gestire il dolore, lo stress, le emozioni, le relazioni interpersonali e di lavoro, nonché le performance sportive e sessuali in qualsiasi luogo e in qualsiasi momento, diventando protagonista vincente della propria vita.

Il tennis in 2 colpi

Autore: Roberto Iacopini
Prezzo: € 11,90
ISBN 978-88-95746-57-9

Si tratta di un libro dedicato all'evoluzione del tennis fino ai nostri giorni e oltre: un'occasione per quei giovani che intendono intraprenderne la strada e ancor di più ai quei giovani che, per cause a loro sconosciute, stanno pensando di lasciarla.

Deviazione Pericolosa

Autore: Morgana Lucchesi
Prezzo: € 14,90
ISBN 978-88-95746-09-8

Nei romanzi erotici la trama è quasi sempre asservita alle scene di sesso. In questo romanzo si è cercato di evitare tutto ciò per dare invece più risalto alla storia, quindi alla trama, nel suo complesso; e di far sì che le situazioni erotiche, di cui comunque il romanzo è denso, fossero sufficientemente plausibili e coerenti con lo svolgersi della storia, ricercando costantemente il giusto equilibrio tra azione ed erotismo.

POMPOARISMO

Autore: Stella Alves
Prezzo: € 13,90
ISBN 978-88-95746-517

Questa tecnica, da noi ancora poco esplorata, in paesi come l'India, si passa di madre in figlia, al fine di aumentare il piacere sessuale della donna e del suo partner. Il corso di "Pompoarismo" è stato raccomandato da ginecologi ed ostetrici, per i benefici che tali esercizi hanno per le donne che hanno avuto problemi di incontinenza urinaria.

Kama Sutra Super Sex

Autore: Nicole Bailey
Prezzo: € 25,00
ISBN 978-88-95746-15-9

Abbandonatevi ad un viaggio sensuale attraverso le antiche posizioni sessuali più eccitanti ed erotiche e portate alle stelle il vostro livello di eccitazione con una serie di mosse, di tecniche e di sequenze supersexy.

Tantric Super Sex

Autore: Nicole Bailey
Prezzo: € 25,00
ISBN 978-88-95746-25-8

Il sesso tantrico vi porterà ad un livello di estasi tale che potrà trasformare i vostri rapporti sessuali in modi assolutamente straordinari: vi sentirete selvaggiamente sexy, liberi e sensuali e con un erotismo alle stelle.

COLLANA ...A PIEDI

Itinerari Turistici Illustrati - Percorsi Storico Culturali - Pillole di Sapere

Firenze... a piedi - pag. 253	€ 14,90
Firenze... a piedi (con audioguida) - pag. 253	€ 19,90
Venezia... a piedi - pag. 304	€ 14,90
Venezia... a piedi (con audioguida) - pag. 304	€ 19,90
Roma e Vaticano... a piedi - pag. 282	€ 14,90
Roma e Vaticano... a piedi (con audioguida) - p. 282	€ 19,90
Bologna... a piedi - pag. 200	€ 14,90
Bologna... a piedi (con audioguida) - pag. 200	€ 19,90
Milano... a piedi - pag. 312	€ 14,90
Milano... a piedi (con audioguida) - pag. 312	€ 19,90

COLLANA **SOUVENIR**

Percorsi Fotografici della città - Curiosità per ogni punto di interesse

Firenze Souvenir	**€ 6,90**
Firenze Souvenir (con audioguida)	**€ 9,90**
Venezia Souvenir	**€ 6,90**
Venezia Souvenir (con audioguida)	**€ 9,90**
Roma e Vaticano Souvenir	**in preparazione**
Roma e Vaticano Souvenir (con audioguida)	**in preparazione**
Bologna Souvenir	**in preparazione**
Bologna Souvenir (con audioguida)	**in preparazione**

COLLANA **ESOTERICA**

Il Verissimo Libro dei Sogni

Autore: AA.VV.
Prezzo: € 13,00
ISBN 978-88-95746-050

Interpretazioni, Messaggi e Cabala,
Vincere al lotto e al Superenalotto,
Imparare a Conoscersi.

La smorfia

Autore: AA.VV.
Prezzo: € 9,90
ISBN 978-88-95746-38-8

Vincere al Lotto ed al SuperEnalotto

PROVA D'ACQUISTO
ISBN 978-88-95746-65-4
ES4

ritagliare le carte stampate lungo i bordi

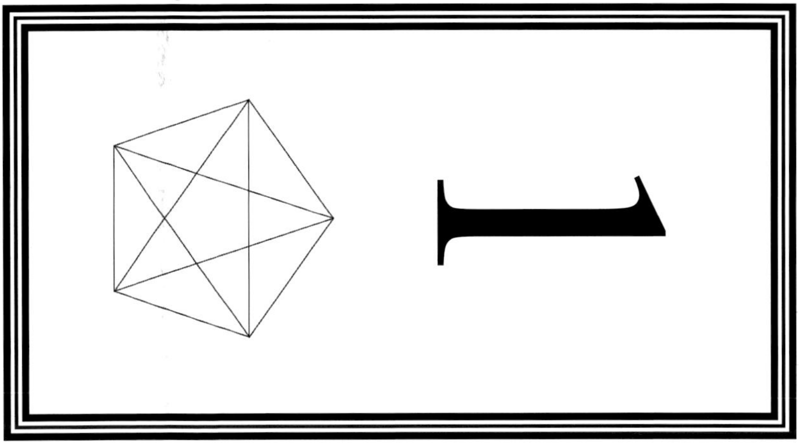

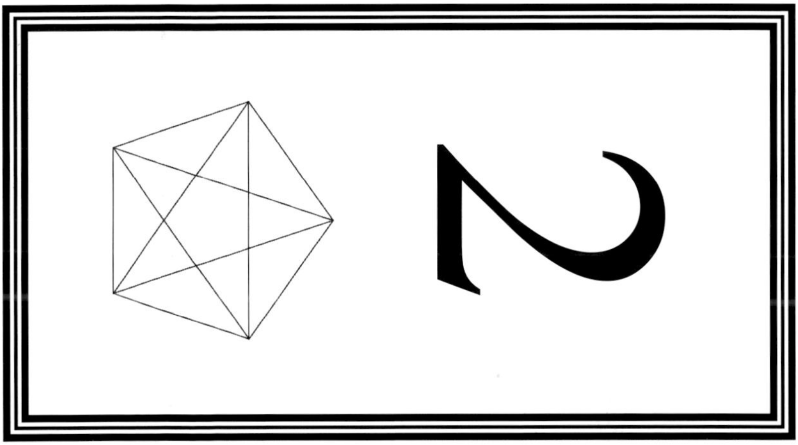

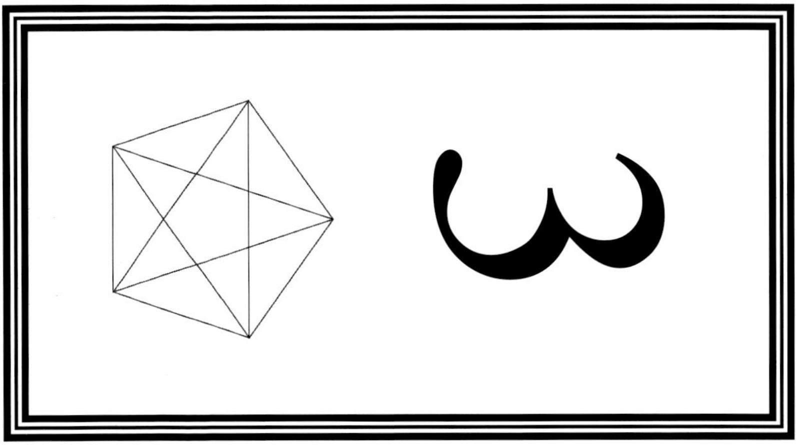

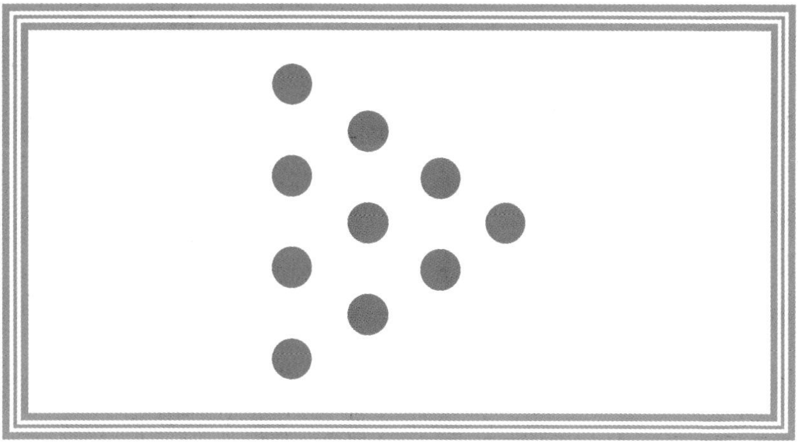

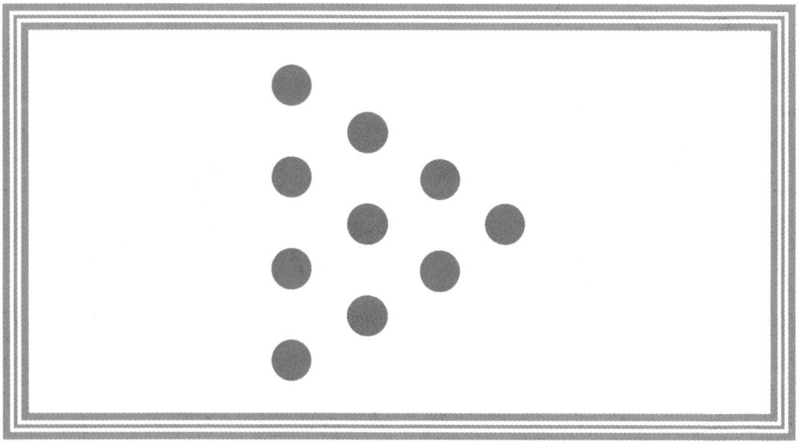

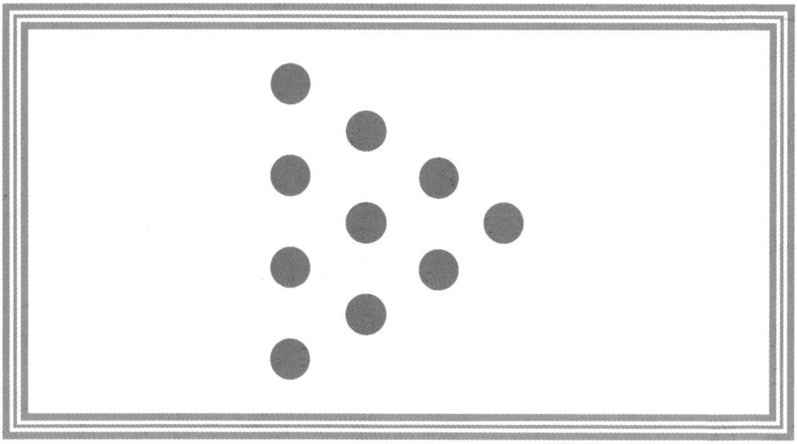